中国丝绸博物馆
China National Silk Museum

中国丝绸博物馆时尚展览丛书

运动与时尚
20世纪西方运动休闲服饰

Sporting Fashion: The 20th Century
Western Sportswear

张国伟　杨文妍　编著

中国纺织出版社有限公司

内 容 提 要

运动休闲风正劲的当下，你是否好奇这股潮流的缘起及发展历程呢？

2023年，中国丝绸博物馆举办了"运动与时尚：20世纪西方运动休闲服饰展"，对骑行、游泳、滑雪、高尔夫和网球五项运动的馆藏服饰进行梳理，反映了运动服装在社会科技发展，道德规范开放下的历史变迁。本书在展览基础上扩充，精选近150件藏品，展现大量精美细节，在厘清运动服饰演变的同时还解读了旅行度假服的流行，即功能性运动服装与时尚潮流相互影响后逐渐融入日常生活的过程。

本书适合服装专业人士及对运动时尚感兴趣的读者。

图书在版编目（CIP）数据

运动与时尚：20世纪西方运动休闲服饰 / 张国伟，杨文妍编著．--北京：中国纺织出版社有限公司，2025．7．-- ISBN 978-7-5229-2352-9

Ⅰ. TS941.734

中国国家版本馆 CIP 数据核字第 2024GL0021 号

责任编辑：华长印　王安琪　　特约编辑：刘　超
责任校对：高　涵　　　　　　责任印制：王艳丽

中国纺织出版社有限公司出版发行
地址：北京市朝阳区百子湾东里 A407 号楼　邮政编码：100124
销售电话：010—67004422　传真：010—87155801
http://www.c-textilep.com
中国纺织出版社天猫旗舰店
官方微博 http://weibo.com/2119887771
北京华联印刷有限公司印刷　各地新华书店经销
2025 年 7 月第 1 版第 1 次印刷
开本：889×1194　1/16　印张：15
字数：134 千字　定价：198.00 元

SPORTING FASHION

体育运动的起源可以追溯到远古时期。但在过去的几千年里，历史对体育运动中穿着的服饰记录非常少，只能从零星的画像和描述文字中管中窥豹。运动服的概念并不是和运动一起诞生的，19世纪的英国最早引入运动服（activewear），最初反映上层社会男性的休闲生活方式，如骑马、狩猎、高尔夫等活动。随着社会的发展，更多女性也参与到户外活动中，烦琐的长裙已经无法适应这些运动，于是专为运动而设计的运动服开始出现。

美国的运动服（sportswear）起源于欧洲，随着现代社会交通、工业、经济的发展，运动服的舒适便利性使其逐渐成为人们的日常服装。尤其是经历第二次世界大战之后，运动服并不是单一地指具有运动功能性的服装，它也代表了现代城市的活力和变化，成了现代生活方式的象征。大批量生产的运动装既日常化又大众化，而且价格低廉，运动装也提供了一种理想化的设计思路，它摒弃了复杂的装饰和剪裁，脱离了快速发展的流行趋势。

中国丝绸博物馆于2023年9月举办了"运动与时尚：20世纪西方运动休闲服饰展"，对骑行、游泳、滑雪、高尔夫和网球五项运动的馆藏服装进行了梳理，这些运动中有新兴的滑雪、游泳，也有传统的骑马、高尔夫等。不论是传统还是创新的运动项目，我们都能从中了解到运动服装随着社会科技的发展，思想道德规范的开放产生的变化。此外，展览中还展示了日常休闲中的旅行度假服装，展现出功能性运动服装与时尚潮流相互影响、不断演变和逐渐融入日常生活的过程。

张国伟、杨文妍

2024年8月

目录
CONTENTS

SPORTING FASHION

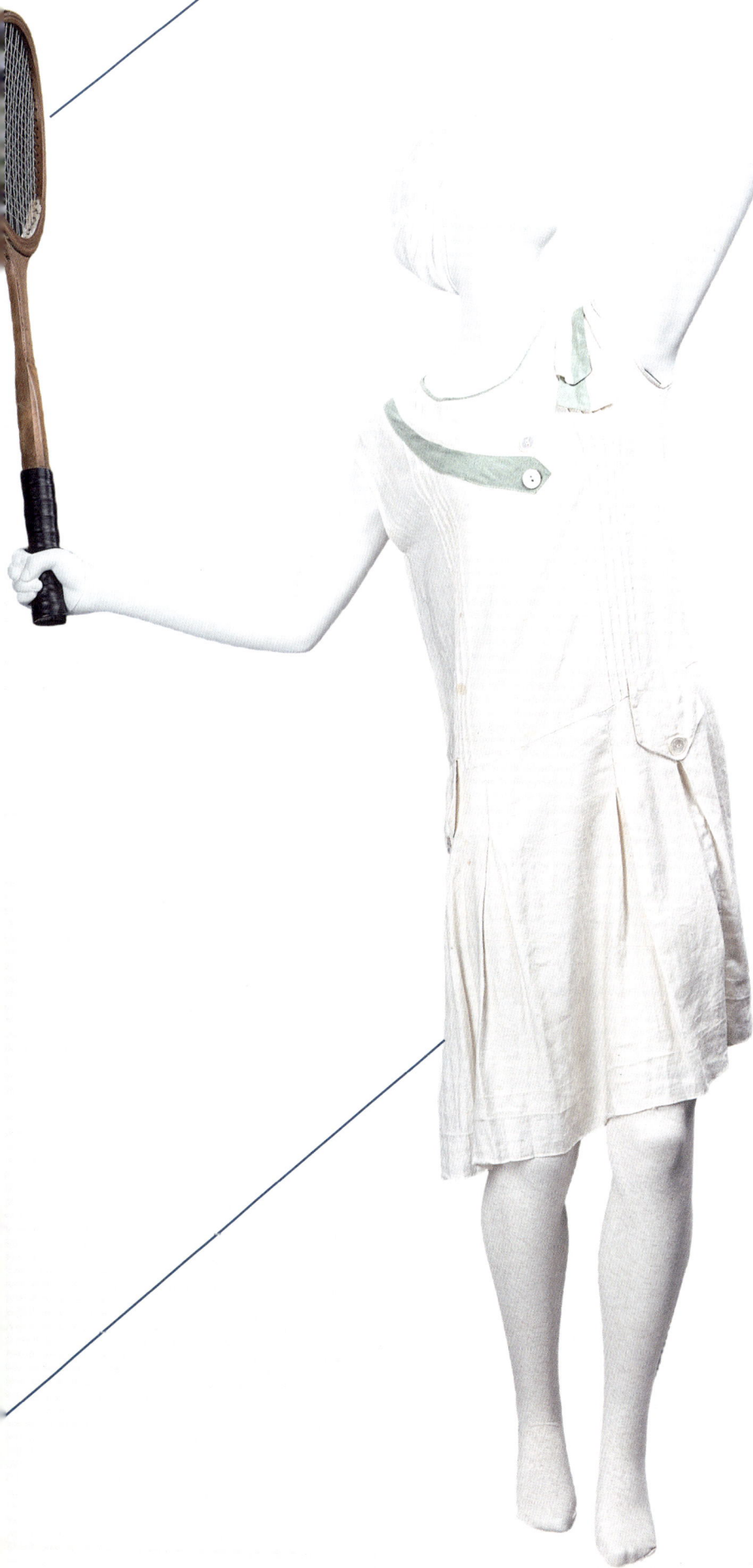

第 1 章

球类
运动服

1.1 高尔夫服

golf clothing

　　一般认为近代高尔夫运动源自17世纪的苏格兰。由于高尔夫运动在室外公共场所进行，自18世纪以来无论男女都会穿着颜色鲜艳的外套，以警告路人远离危险。直到19世纪后期，仍没有专门的高尔夫服装，高尔夫球场上穿的衣服只是日常穿着的延伸，参加高尔夫俱乐部的会员会定制俱乐部规定颜色的服装。因为有挥杆等动作，高尔夫服装需要提供足够的运动空间，女装一般采用裙子和上衣的搭配，为了保暖，厚实的外套或斗篷也是必需；男士也会穿粗花呢外套、粗花呢斗篷、灯笼裤和长袜子等服装。

　　20世纪20年代，女性时尚的变化是革命性的，女子高尔夫服装的风格发生了很大的变化。裙摆提高了，合身的外套被针织套衫和开衫取代，钟形帽替代了宽檐帽；男士的装束变化不大，但是会戴平顶帽，打领带并穿单排扣的外套。1933年，女球手格洛丽亚·米诺普里奥（Gloria Minoprio）成为首位穿着裤子出现在高尔夫球场的女性，引起了轰动，推动了裤装的流行。到了20世纪50年代第一件针织高尔夫球衫问世，男士不再穿正式的外套，舒适的服装是高尔夫运动的首选，彩色织物开始崭露头角。20世纪70年代，高尔夫服装走起了时尚路线，紫色、品红和绿色大量运用在服装印花或织花图案上。

在19世纪下半叶，荷兰历史悠久的击球游戏演变成了现代高尔夫运动，新兴的社交俱乐部发布了标准化的高尔夫运动规则，女性随之大量地参与到这新兴运动中，她们有大量的空闲时间来磨炼自己的球技。她们一开始在远离公众视线的地方自娱自乐，后来加入会员制俱乐部，在不受性别限制的专业球场上，与男性一起打球。随着这项运动被人们接受，高尔夫时尚服饰也随之改变，增加了服装的舒适度和可操作性，因此毛衣被引入衣橱。女性的服装也随之改变，裙子变短了，上衣比较宽松，面料也选择棉、毛等比较结实耐磨的材质，这样就不会妨碍大幅度的击球动作。

高尔夫套装
golfing ensemble
编号：2014.1.13540
年代：20世纪初

伊塞特·皮尔森小姐（Isette Pearson），英国第一个女子高尔夫俱乐部（Ladies' Golf Union）的创办人。爱德华风格的高尔夫着装。

在19世纪和20世纪早期，男性高尔夫球运动装一般为粗花呢外套、灯笼裤或过膝的短裤。正式的全套服装还包括上浆的衬衫、领带和配套的花呢帽子。高尔夫运动通常是上流社会的休闲运动，质地良好的运动套装也是财富和权势的象征。

威尔士亲王1927年的高尔夫服，穿着经典的苏格兰费尔岛毛衣及大号的灯笼裤，他对休闲运动风格的推崇，引领了20世纪20年代休闲服装的潮流。

高尔夫男装套装
golfing ensemble
编号：2014.1.13919
年代：20世纪10—30年代

《威尔士亲王，圣安德鲁斯皇家古老高尔夫俱乐部的队长》，威廉·奥本·爱德华（William Orpen Edward），1927年。

一件轻便的单排扣花呢外套，一条宽松的灯笼裤，搭配领带和平顶呢帽，这就是20世纪初的男士高尔夫球手得体的装束。现在看来很正式的着装，当时却让男性从板正的常礼服中解放出来。除了高尔夫运动，板球、网球、远足等运动也都适用。

高尔夫男装套装
golfing ensemble
编号：2014.1.6916
年代：20世纪10—30年代

　　20世纪20年代，针织面料在休闲服装和运动服装中流行起来。这套高尔夫黑色羊毛针织连衣裙套装，领口、胸口和袋口有蓝灰条纹装饰，箭头设计颇具装饰艺术风格。裙子上衣部分采用白色棉质，下部采用与外套同色的羊毛针织面料。通常打高尔夫时都会搭配一双低帮牛津鞋。

高尔夫女装套装
golfing ensemble
编号：2014.1.6165
年代：20世纪10—30年代

乔伊斯·韦瑟德（Joyce Wethered），20世纪20年代四届英国女子业余锦标赛冠军，连续五年获得英国女子锦标赛冠军。

在1926年，法国网球运动员瑞恩·拉克斯特（René Lacoste）首次穿着透气轻便的短袖Polo衫在比赛中亮相。1933年，他和法国最大的针织企业家安德烈·吉利埃（André Gillier）合作，开始大规模生产他自行设计的翻领运动衫。这款Polo衫带有经典鳄鱼标志，采用全新的透气小凸纹网眼面料制成，轻巧又有弹性，一举奠定了Polo衫在时装界举足轻重的地位。

20世纪50年代，法国鳄鱼（Lacoste）开始销往美国，色彩鲜艳的网眼螺纹针织衫成为高尔夫等休闲活动中的新宠儿。

Polo衫
Polo shirt
编号：2014.1.5002+9704
年代：20世纪中后期
品牌/设计师：法国鳄鱼

苏格兰是高尔夫运动的起源地，这套针织连衣裙采用了苏格兰传统的蓝绿条格纹，搭配当时流行的贝雷帽，是绿色高尔夫球场上一道亮丽的风景。

高尔夫女装套装
golfing ensemble
编号：2014.1.7639
年代：20世纪30—40年代

1.2 网球服

tennis clothing

　　1874年，英国发明家沃尔特·温菲尔德（Walter Wingfield）为一种新型便携式网球场地申请了专利，推广了古老的网球游戏。草坪网球运动获得了成功，它不仅是一项娱乐活动，也成为一项竞技运动。1877年英国温布尔登举行了第一场网球比赛，1890年规定比赛时运动员必须穿着全白色的服装，这项规定在温网一直延续至今。网球在美国的流行速度较慢，直到19世纪80年代中期，这项运动才在东海岸开始流行，传统上被视为"不够淑女"的各种游戏和运动也受到了追捧。20世纪20年代，美国网球运动员比尔·蒂尔登（Bill Tilden）的白色V领毛衣成为男士时尚的经典单品。而女士们放弃了紧身胸衣和裙撑等一系列烦琐的内衣，法国网球运动员苏珊·朗格伦（Suzanne Lenglen）就穿着白色无袖的及膝连衣裙出现在比赛现场，自此女运动员的网球服装紧跟时尚潮流，成为赛场上一道亮丽的风景。

　　白色 V 领毛衣搭配勒内·拉科斯特（René Lacoste）自行设计的白色短袖棉衬衫，这是白色 Polo 衫的原型。虽然不知道 V 领毛衣是何时出现的，但它的流行也和威尔士亲王喜爱穿 V 领的费尔岛毛衣有关。V 领毛衣的领子与其他领子相比空气更流通，更容易穿脱，在网球、板球、高尔夫等运动中都可以见到。下面搭配白色法兰绒长裤和白色帆布运动鞋。

网球服套装
tennis ensemble
编号：2014.1.12213，9739
年代：20 世纪 30—50 年代

19世纪80—90年代，维多利亚时代的女性打网球时穿着日常的服装，还包含了紧身胸衣、巴萨尔裙撑、衬裙等厚重的内衣。这件条纹棉质套装的上衣腋下两侧各缝制了两根鱼骨，减少了前后片的鱼骨数量，裙长离地至少5厘米，这些都方便运动者在球场上奔跑和挥拍。裙子后部仍有细密的褶量，需要穿着巴萨尔裙撑。

网球裙套装
tennis ensemble
编号：2014.1.35558
年代：19世纪80年代

《布鲁克林展望公园上的草地网球》（*Lawn Tennis in Prospect Park*），1885年，纽约《哈珀周刊》（*Harper's Weekiy*）

　　20世纪初的女子网球套装已经借鉴了男装的风格,女性运动时穿白色的高领刺绣衬衣,系丝绸领带,下面的裙子一般是厚实的棉麻材质,这条裙子一侧还用贝母扣装饰。白色的网球服装和这项运动都表明这是富有阶层的体育活动,白色服装还成了英国温布尔登网球锦标赛的规定着装。

网球裙套装
tennis ensemble
编号:2014.1.578,35342
年代:20世纪初

20世纪40年代，女子网球服的造型开始变得更加俏皮。网球运动员海伦·威尔斯·穆迪不仅在她的职业生涯中击败了许多对手，还击败了多年来束缚女性的男权时尚。在比赛中，她通常会选择打褶的及膝裙和无袖的白色衬衫，她的标志是戴着白色的遮阳帽。20世纪40年代，另一位名叫格特鲁德·莫兰（Gertrude Moran）的女性运动员在1949年的温布尔登网球公开赛上穿着短裤出现，彻底改变了女子网球时尚。这件连衣式的短裤，采用了人造纤维的面料，是战后人造面料大发展的产物。穿着短裤的女性运动员在网球运动中更轻松地跳跃、奔跑，是时尚与实用的新造型。

网球连体服
tennis Jumpsuit
编号：2014.1.10124
年代：20世纪40—50年代

网球短裤（女）
tennis shorts
编号：2014.1.11865
年代：20世纪70—90年代
品牌：拉夫·劳伦（Lalph Lauren）

网球服套装
tennis ensemble
编号：2014.1.11855，9665
年代：20 世纪后半叶
品牌：法国鳄鱼

20世纪30年代，男子网球运动员抛弃了法兰绒裤子，换上了短裤。英国网球运动员亨利·威尔弗雷德·奥斯汀（Henry Wilfred Austin）是第一位在网球比赛中穿白色短裤的网球运动员。在接下来的四十年里，男子网球服饰的样式几乎没有改变。短裤的长度每十年就会发生变化，网球比赛中球员所穿网球衫的剪裁也各不相同。20世纪后半叶，除温布尔登网球公开赛外，所有大满贯网球赛事都不再穿全白球衣。"随着彩色电视的出现，运动员穿彩色球衣被认为是一种新奇的想法，它吸引了更多观众观看这项运动"。各色的Polo衫搭配白色的短裤，是男子网球运动员的标配，与此同时，鲜艳的发带也迅速成为潮流。

网球服套装
tennis ensemble
编号：2014.1.9036，13457
年代：20世纪后半叶
设计师：黛安·吉尔曼（Diane Gilman）

1920年，网球明星苏珊·朗格伦（Suzanne Lenglen）在比赛时穿上了让·帕图（Jean Patou）为她设计的无袖上衣和及膝百褶裙，戴着束发带。她的新造型成为网球运动装的经典样式。网球冠军海伦·威尔斯·穆迪（Helen Wills Moody）1928年出版了畅销书《网球》（Tennis），该书中有一章讲述在球场如何正确着装，她在书中把"当今女子网球水平的巨大进步"归功于"短裙和无袖连衣裙"。这件白色无袖网球裙，圆领、低腰线、绿色条纹等简单装饰的领口及袖口，是当时女性时髦的运动服装。

网球裙
tennis dress
编号：2014.1.1732
年代：20 世纪 20 年代

20世纪50年代，女性网球着装时尚是束腰的百褶裙和带有装饰细节的花式开衫莫林·康诺利（Maureen Connolly）等球员就以这种造型而闻名。到了20世纪60年代，现代时尚成为人们关注的焦点。无袖上衣、条纹或其他图案印花的迷你连衣裙，以及更具女性特征的迷你裙开始出现在网球场上。女运动员们意识到，除了赢得球赛以外，她们还必须看起来更加时尚和潮流，这将为女子网球赛事带来更多观众。

网球裙
tennis dress
编号：2014.1.11867
年代：20世纪40—50年代

迷你裙，以简洁实用的运动风格，体现出现代女性的独立、自信及时髦。自网球运动出现以来，这项运动的女性领军人物一直是她们那个时代典型的现代女性，代表了当时最现代、最高效、最时尚的风格。

网球裙
tennis dress
编号：2014.1.11864
年代：20世纪60—70年代

网球服套装
tennis ensemble
编号：2014.1.11868，11850
年代：20世纪60—70年代

网球裙
tennis dress
编号：2014.1.11860
年代：20世纪60—70年代

1.3　棒球服
baseball clothing

棒球运动真正的起源可以追溯到18世纪的英国，随着大量的欧洲移民在北美定居，他们带来了各种版本的球棍游戏。1849年，纽约尼克斯棒球队推出了第一套棒球制服，包括一件洁白的法兰绒衬衫、一条蓝色羊毛裤子，外加一顶宽边草帽。19世纪棒球衫从前系带式，逐渐过渡到纽扣领。到了20世纪初，纽扣领棒球衫成为球员的主要着装风格，也是永恒的经典款。1912年，纽约洋基棒球队（New York Yankees）开始尝试穿细条纹球衣。到1915年，细条纹已经成为球队的标志性服装元素，在接下来的几十年里引领了棒球时尚的潮流。

从19世纪中期到20世纪40年代，法兰绒一直是棒球球衣选择的面料。在20世纪30年代和40年代，一些俱乐部尝试在夜间比赛中使用缎子，希望这种材料能在照亮球场的强光下发光，但这并没有持续下去。1970年，匹兹堡海盗棒球队穿着"双面针织"队服踏上球场，掀起了一场革命。舒适和耐用的新型合成纤维混合面料的球衣被沿用至今。

　　女性参加棒球运动的历史几乎和男性一样悠久。1866年，美国瓦萨学院（当时的女子学院）成立了第一支女子棒球队。由于当时的女性被要求随时穿着裙子，即使她们参加体育锻炼也是如此，所以瓦萨学院的棒球制服是羊毛制成的及踝长裙。1876年勇敢者俱乐部（Resolutes）以瓦萨学院的制服为蓝本，开发了自己的制服，包括有褶边高领的长袖衬衫、绣花腰带、及地长裙、低跟小皮靴鞋和宽条纹帽。

　　女性的棒球制服直到20世纪50年代还是以短裙为主。1943年全美女子职业棒球联盟成立后，规定球员穿带花边的短裙制服并化妆，而且要参加魅力学校，所有这些都是为了保持女性化和得体的"淑女"形象，男性希望女性棒球运动员在场上和场下都能保持女性气质。

　　20世纪的女性棒球制服也包括灯笼裤，甚至和男性一样的短裤，这些服装更利于比赛。右侧这套白色法兰绒棒球服套装，轻便舒适，和男性的棒球制服相似，但是细节设计上采用了红蓝条纹装饰，小翻领的设计更显女孩的俏皮。衣服背面有贴布绣"Tom Boy"的字样。Tomboy这个称呼指具有男性特征的女孩或年轻女性，其特征包括穿着中性的衣服，从事体育运动或其他通常与男性有关的活动和行为，通俗来说就是指"假小子"。这套偏中性的服装确实是假小子的装束。

棒球服套装
tennis ensemble
编号：2014.1.12816
年代：20世纪60—70年代

　　1865年的哈佛大学棒球队最早穿上带有巨大字母"H"的毛衣制服，后被称为"Letterman"毛衣。这些毛衣成了荣誉的象征。虽然队里的每个人都会穿，但只有那些表现出色的球员才被允许保留他们的校队毛衣——替补队员必须在赛季结束时归还他们的毛衣。由于这些制服成了学校和球队骄傲的象征，因此哈佛足球队也采用了这种方法。

　　19世纪后期，开襟羊毛衫的受欢迎程度超过了套头毛衣，字母也从球员胸部的中央移到了左边，其他大学和高中的校队都纷纷效仿。这款夹克商标上还有手写的"Mitchell"，应是夹克原主人的名字。

棒球夹克
varsity jacket
编号：2014.1.4805
年代20世纪50—70年代

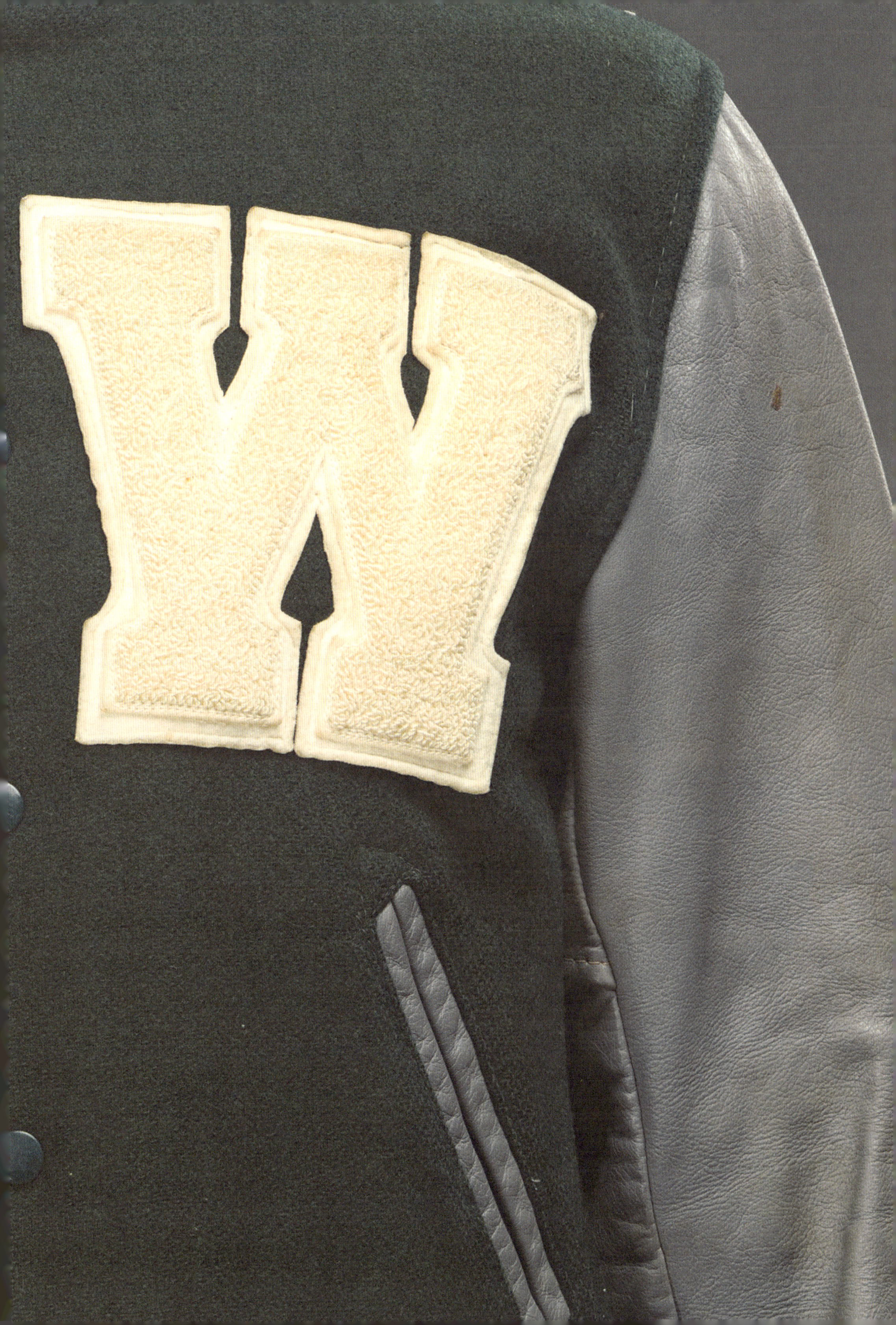

　　1930 年，羊毛质地、皮质袖子和雪尼尔字母的夹克替代了毛衣，成为了延续至今的经典款棒球夹克。夹克采用了麦尔登羊毛，麦尔登羊毛通常厚实坚硬、质地致密，呈类似毡状，几乎不会磨损。除了超级保暖之外，麦尔登羊毛还具有吸水性能，防风，是所有羊毛面料中防风雨性能最强的。皮质袖子耐磨且易清洁，袖口和下摆用了螺纹松紧，是一件保暖结实的优质运动外套。

　　随着棒球夹克被推广到其他美国体育项目中，这种典型的美国式生活风格开始受到广泛欢迎，并融入了流行文化，进入日常生活。

棒球夹克
varsity jacket
编号：2014.1.4009
年代：20 世纪 50—70 年代

棒球夹克
varsity jacket
编号：2014.1.4008
年代：20世纪50—70年代

第 2 章

骑行驾驶服

SPORTING FASHION

2.1 骑马服
riding habit

在中世纪的欧洲，和男人一起骑马是少数女性可以完全接受的体育活动之一，贵族女士们通常是侧身坐在马上。16世纪晚期，由男性主导的欧洲行会的裁缝们首次为女性设计骑马服装。不过直到20世纪初，这类功能性服装依然与男性联系在一起，马术运动员们在购买和试穿骑马服时依然选择男裁缝和制帽师，而非女性。黑色的骑马服可以全年穿着，它们可以掩盖污渍和磨损，而其他颜色的骑马服则是个人或对季节性的偏好，比如蓝色、绿色等。

在19世纪，妇女骑马指南插图很流行，它能够帮助新手了解错综复杂的服装和仪态。有教养的女士们从小就参加骑马课程，以给她们灌输在侧鞍上的优雅举止和自信。女骑手的体态也受到量身定制服装的影响，她们一般会选择男性西服毛料剪裁而成的套装。这件羊毛骑装上衣，款式上借用了男装军服的立领和成排的纽扣，用完美的裁剪体现了女性的曲线特征。下面的侧鞍裙在后面设计了一个扣襻，方便在行走时将侧鞍的余量藏在后面，不失优雅。

女骑行服
riding habit
编号：2024.1.6939
年代：19世纪末

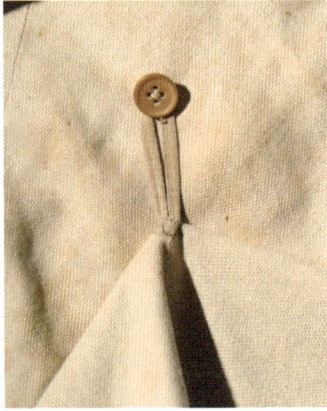

女骑行服
riding habit
编号：2014.1.36512
年代：19世纪末

这套做工精良的黑色羊毛骑马服是由位于纽约第五大道 246 号的 J·G·穆勒（J. G. Muller），舒尔特·佩特鲁齐（Schulte & Petruzzi）定制。这是一家专为富裕阶层的女士定制骑马服和户外装的服装公司，曾为当时的麦迪逊广场花园举办的马术秀提供了质地良好的骑行女装。

这套女装上有制作商的标签及定制者的姓名，裙子侧鞍设计增加了一个单片的裙摆，上面有挂绳，骑马时可以套住腿。

女骑行服
riding habit
编号：2014.1.3385
年代：1907 年 10 月 9 日
制作商：Schulte & Pertuzzi successors J.G.Müller

这套晨礼服，最初是19世纪早期男士们早上骑马时穿着的服装，到了19世纪末，除了骑行之外，渐渐地在白天的商务活动中开始流行，取代了原来的双排扣礼服。这套细千鸟格纹羊毛套装分别搭配两种裤装，一种是马裤，另一种是偏正式的长裤。既可以作为晨礼服参加商业活动，也可以骑马或参加其他运动时穿着。

男晨礼服套装
riding habit
编号：2014.1.3399
年代：19世纪末

20 世纪初的女性可以进行骑马、打球、登山等各种运动，但是出于社会道德规范的要求，无论如何裙子都是不可替代的。这条前面用暗扣隐藏起来的裤子，是一种新发明。扣上前面的叠门，看上去就是一条亚麻的裙子。这种裙裤可以骑马、骑车，是运动中功能和道德规范的妥协和创新。

裙裤
riding culottes
编号：2014.1.6936
年代：20世纪

护腿套裤
chaps
编号：2014.1.30347
年代：20 世纪

套裤由绑腿和腰带组成，裆部和大腿内侧不闭合，套穿在裤子外，以保护腿部，通常由皮革或类似皮革的材料制成。Chaps 是西班牙语单词"chaparajos"的缩写，意为低矮的灌木丛，这是因为套裤最初被用于骑马穿越灌木丛时使用。护腿套裤起源于西班牙南部，后来传到了墨西哥，并融入了美国西部的牛仔文化，如今护腿套裤也被摩托车骑手沿用。

护腿套裤
chaps
编号：2014.1.30336

第一次世界大战后，带来了一波社会和服装变革。20世纪20年代见证了新女性的权利，女性拥有投票权并可以担任公职。女性骑行服也同样受到男性的启发和创新，其中之一就是女性采用了跨骑的骑马方式，如穿着这套墨绿色羊毛质地的马裤套装，尽显女性独立自信的风貌。这种著名的马裤样式（jodhpurs）是以印度西北部拉吉普塔纳最大的王公国命名，在19世纪90年代被普拉塔普·辛格（Pratap Singh）王公引入西方，同时被英国士兵采用。三十年后，这款夸张的凸显臀部的裤子，给追求解放的新女性带来了新时尚。

女骑行服
riding habit
编号：2014.1.3382
年代：20世纪20—40年代

2.2 自行车服
cycling clothing

　　自行车运动在19世纪90年代席卷了欧洲和美国，尽管这项活动在男女中都很受欢迎，但对女性来说，骑自行车比骑马更方便，因为她们可以依靠自己的力量，自由便捷地外出。自行车运动促进了服装的变化，因此出现了具有弹性的羊毛运动胸衣，裙长也缩短了，前卫的女士甚至直接穿着男装中的宽大灯笼裤骑车。

　　19世纪末，自行车已经发展成现代自行车的样式，具有充气轮胎、菱形车架、齿轮传动等装置。自行车扩大了女性的户外活动范围，无论是外出工作还是参与社会活动，女性不需要马或马车，就能随心所欲地出入，享有此前男性才能体会的自由。这套骑行套装对裙子进行了修改，裙长缩短。无骨撑的宽松上衣也为穿着者带来了便利和舒适。

骑行套装
riding ensemble
编号：2014.1.6543
年代：19世纪末20世纪初

骑行套装
riding ensemble
编号：2014.1.6544
年代：19世纪末20世纪初

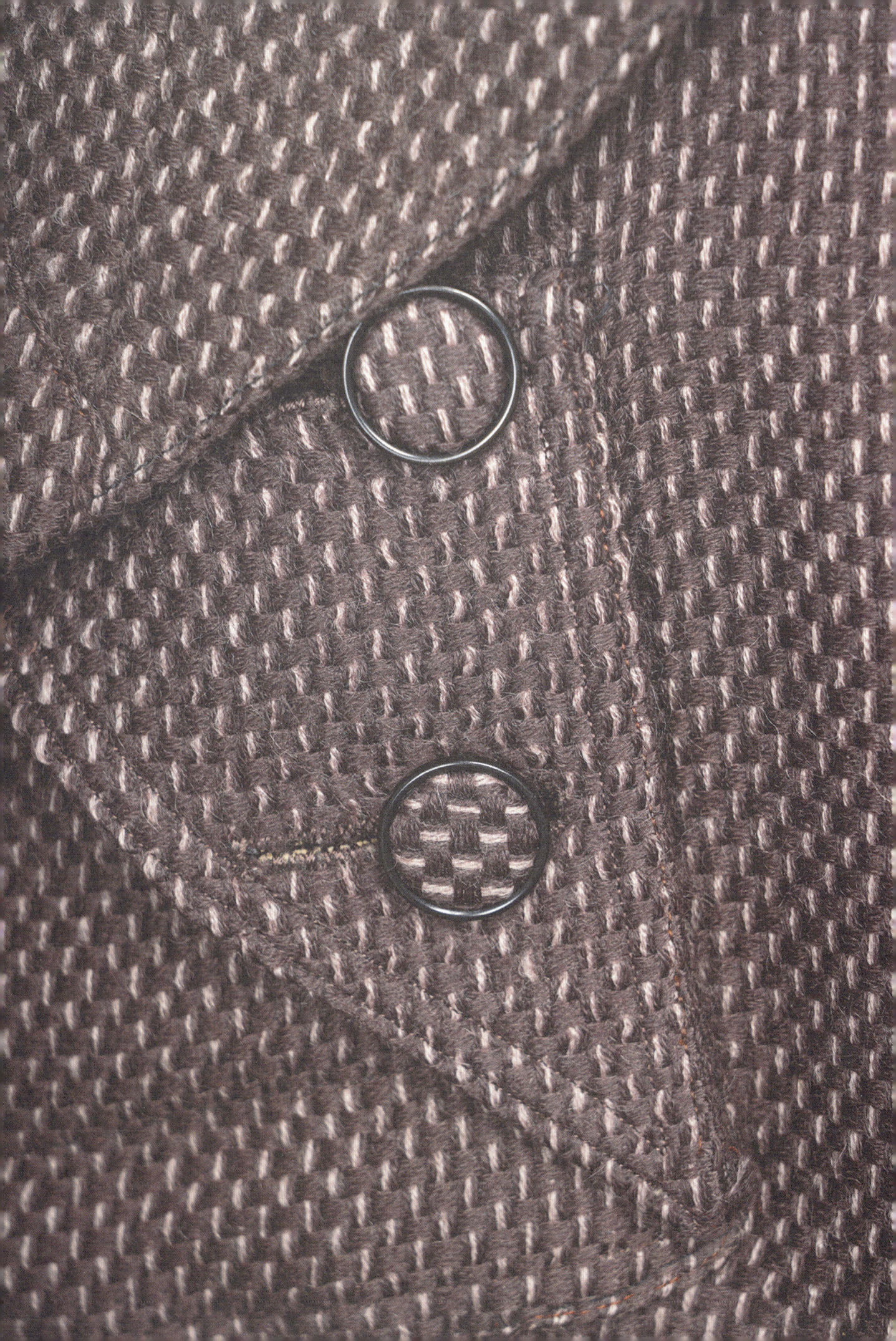

2.3 摩托车服
motorcycle clothing

　　自19世纪末摩托车出现以来，为适应这种交通工具的特性，人们开始设计装备以保护骑手。20世纪初，借鉴了男士雨衣、以马皮或猪皮制作的中长款外套或长款大衣，即为机车夹克的雏形。后来人们意识到较长的外套不方便坐着，甚至可能会被机车传动链缠住，故诞生了短款摩托车夹克。1928年，纽约肖特兄弟公司（Schott Brothers）的创始人欧文·肖特（lrving Schott）设计制作的 "Perfecto" 夹克即为目前最早的摩托车夹克。至20世纪50年代，电影《狂野一号》（The Wild Ones，1953）中的马龙·白兰度（Marlon Brando）和《无因的反叛》（Rebel Without a Cause，1955）中的詹姆斯·迪恩（James Dean）中穿着夹克骑摩托车亮相，使摩托车夹克更具一种叛逆气质，在年轻人中流行起来。

皮大衣先于机车夹克出现。第二次世界大战之前，皮大衣比夹克更受摩托车手欢迎，飞行员、警察和猎人也选择将其作为日常穿着。几乎所有的皮大衣都由质感上乘的马皮制成，有时还内衬羊羔毛（mouton）。这一阶段的皮大衣与后期成熟的机车夹克相比有着较大的功能性不足，即均采用纽扣，且数量及扣位不足以保护穿着者免受冷风侵袭。

该件双排扣皮大衣的面料为纳帕皮革（Napa leather），即柔软、光滑且耐用的皮料，可指羊皮、牛皮等各种皮革制品。纳帕皮革由伊曼纽尔·马纳斯（Emanuel Manasse）在1875年发明，他当时所在的公司位于美国加州的纳帕市（Napa），纳帕皮革因此得名。

皮大衣
leather coat
编号：2014.1.4389
年代：20世纪30—40年代
品牌：索耶（Sawyer）

典型的20世纪30至20世纪40年代的皮夹克，由黑色马皮制成，在领口处有纽扣以更好防风保暖。袖口同样以纽扣调节围度。腰部设腰带扣襻。

皮夹克
leather jacket
编号：2014.1.4391
年代：20世纪30—40年代

内衬原色羊羔绒，翻领衬棕色毛绒。下摆以针织松紧收腰。胸袋采用圆环形拉链头。蒙哥马利·沃德（Montgomery Ward）是一家百货商店，为提高竞争力，在20世纪30年代推出"Wind Ward"产品线，为大众提供优质皮衣和男装夹克等户外服饰产品。

摩托车夹克
motorcycle jacket
编号：2014.1.4390
年代：20世纪40—50年代
品牌：蒙哥马利·沃德百货"Wind Ward"产品线

在后背两肩处设计活褶以提供身体和手臂前弯所需的活动空间。两个水平胸袋拉链装有圆环形拉链头，方便在骑行中快速顺滑开合。领口按扣可以防风，也有进一步演变为侧领扣的形式。袖口处设拉链，可调节围度及通风散热。后腰处贴缀哈雷公司的标志。前中拉链来自美国品牌斯科维尔（Scovill），其自1947年开始生产拉链至今。

摩托车夹克
motorcycle jacket
编号：2014.1.4437
年代：20 世纪 50 年代
品牌：哈雷·戴维森（Harley Davidson）

　　这件夹克为典型的瑞典军队中派遣骑手穿用的夹克。这种款式的夹克最早可以追溯到1915年。1955年，因皮革价格昂贵，瑞典军方开始尝试使用皮革以外的材料，如灰色棉帆布。1960年改用绿色棉帆布，直至20世纪末。

　　夹克正面有一个大口袋，很可能用以放置地图和其他信件等。侧开襟，门襟重合面积大，羊毛内里，防风保暖性佳。左肩处设两粒木质牛角扣。在戴手套的情况下，牛角扣相比圆形纽扣更容易扣上和解开。袖口、领口处设置两粒纽扣可用以调节围度。

罗尔夫·霍瓦斯（Rolf Hoas）
1964 年穿着瑞典摩托车夹克服设计的照片

瑞典摩托车夹克（瑞典语 Ordonnansjacka）
编号：2014.1.4434
午代：20 世纪 30—40 年代
侧开襟形式，能更好防风保暖。袖口可通过纽
扣调节围度。

这两件夹克均来自德国品牌汉恩·格里克（Hein Gericke）。1970年，企业家汉恩·格里克在杜塞尔多夫开设了第一家商店，五年后，该品牌开始提供众多与摩托车相关的服装产品。黑白配色很有视觉冲击力，服装主体为黑色，功能性配件均为白色。拉链是重要设计元素，腰部设两条拉链可调节围度。领口处设按扣，防止风从拉链止口处进入。后腰、肘部、后背两侧均加厚设计，起到防冲击保护骑手的作用。袖口除后侧有用以通风散热的拉链外，还在左袖前侧设拉链。全身均使用YKK尼龙拉链。

摩托车夹克
motorcycle jacket
编号：2014.1.4433
年代：20世纪80年代
品牌：汉恩·格里克（Hein Gericke）

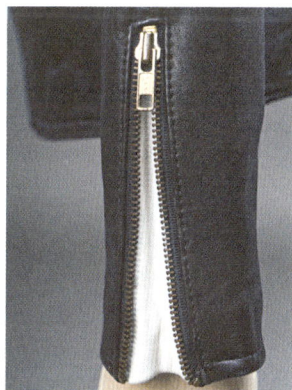

"ECHTES LEDER" 意为 "真皮"。

摩托车夹克
motorcycle jacket
编号：2014.1.4453
年代：20世纪80年代
品牌：汉恩·格里克（Hein Gericke）

面料为牛皮材质，内里为红色羊毛，毛绒翻领，提高保暖效果。齐腰修身剪裁，拉链闭合，袖口和下摆均有针织松紧螺纹收口。

摩托车夹克
motorcycle jacket
编号：2014.1.4471
年代：20 世纪 40—50 年代
品牌：麦克·格雷戈（McGregor）

摩托车夹克的设计要点

1. 材料

面料通常由厚皮革制成，为增强保暖性，有时设羊毛衬里，在领口处也衬有毛绒。

2. 防护

在肩部、肘部和背部等关键部位设衬垫以缓冲。

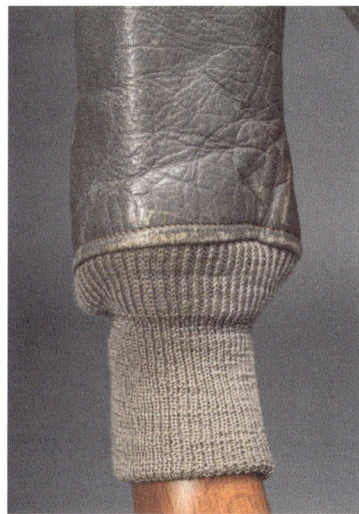

3. 闭合

通过袖口和下摆的针织螺纹、门襟挡风片、领口处的按扣或搭扣等保证夹克的封闭性，减少透风和热量散失。

4. 剪裁

修身廓形，以减少空气阻力，便于活动，且使防护设计能保持在相应的部位上。同时通过在后背两肩处设计活褶（bi-swing back）以提供身体和于臂前弯所需的活动空间。

5. 通风

在面料上穿孔或在腋下设通风孔以通风散热。

6. 收纳

为保证物品不掉出，口袋设有纽扣或拉链，且有球链状、圆环形或皮革绑带等多种形式的拉链头以方便在运动中拉合。

20 世纪 20 年代，出现了用马皮或猪皮制成的黑色皮革马裤。摩托赛车手的标准服装包括从牛仔服装中移用的黑色皮革马裤和羊毛毛衣。20 世纪 60 年代，毛衣消失了，但皮裤一直沿用至今。

皮裤
leather breeches
编号：2014.1.4463
年代：20 世纪
品牌：哈雷·戴维森

皮裤
leather breeches
编号：2014.1.4462
年代：20 世纪
品牌：新秩序（New Order）

EAVES COSTUME CO.,INC.
151 WEST 46TH ST. NEW YORK
Mr. *Szoko*
No.　C.　W.36 L.　C.

皮裤
leather breeches
编号：2014.1.4465
年代：1981—1998年
品牌：伊夫斯服装公司（Eaves Costume Co. INC.）

皮裤
leather breeches
编号：2014.1.4467
年代：20世纪

第一件连体赛车皮衣由马皮制成，20世纪50年代由当时的摩托车赛车世界冠军杰夫·杜克（Geoff Duke）穿着，流线型设计并非出于安全考虑，而是为了减少阻力。赛车速度极快，需要一系列防护装备，如肩部、肘部、臀部、背部和胸部等主要冲击部位都设有护甲或安全气囊，以保护四肢免于折断和脱臼，保护背部和胸部免于扭伤和骨折。除了皮革、高密度牛仔布和涂蜡布外，人造纤维如凯芙拉（Kevlar）和考杜拉（Cordura）等可以提供更好的隔热、防寒、防水、防撕裂性能。

连体赛车服
one-piece leather racing suit
编号：2014.1.4454
年代：20世纪
品牌：布鲁巴（Bruba）

肩头、肘部、膝盖、臀部及髋骨两侧做加厚处理，保护骑手以减少冲撞造成的身体损伤。大腿内侧及膝盖处拼接深棕色皮革，质地较衣身主体更轻薄柔软，方便活动，提高舒适度。

1949年，摩托车手兼马鞍工匠鲍勃·贝茨（Bob Bates）在洛杉矶成立了贝茨制造公司（Bates Mfg. Co.），生产销售摩托车配件和皮革服饰等。1967年，罗伯特·鲁道夫（Robert Rudolph）接任后将公司更名为贝茨工业公司（Bates Industries，Inc.），并将公司迁至美国加利福尼亚州。20世纪60至20世纪80年代，摩托车冠军默特·劳威尔（Mert Lawwill）、吉恩·罗梅罗（Gene Romer）等穿着贝茨公司生产的彩色赛车服，使其成为时尚单品。贝茨还开发了高性能赛车服以适应20世纪70年代中期以后迅速发展的高性能摩托车。20世纪80年代末，摩托车热潮开始消退，贝茨公司开始专注于皮革服装的生产，并于1992年改名为贝茨皮革公司（Bates Leathers）。

连体赛车服
one-piece leather racing suit
编号：2014.1.4684
年代：20世纪70年代
品牌：贝茨（Bates）

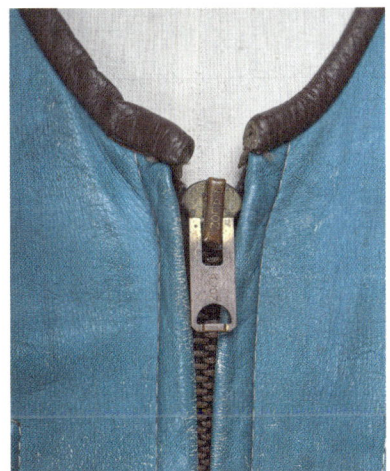

这款赛车服采用皮革面料，在胸口、腋下、大腿内设有侧气孔；腋下设有金属通气孔。袖子做预弯处理。大腿前侧和后腰处褶皱增强缓冲效果。膝盖窝拼接蓝色弹性面料，较皮革轻薄柔软，方便弯曲。护膝设安全气囊。领口设魔术贴，防透风。裤脚及袖口设拉链，方便穿脱。

万森（Vanson）是目前全美最大的机车服装专业品牌，因其较高的安全性能和良好的通风性而出名。1975年，由迈克·范德斯莱森（Michael Van der Sleesen）创立，最初名为"Vanson Associates"，1984年改名为"Vanson Leathers"。

连体赛车服
one-piece leather racing suit
编号：2014.1.13535
年代：20世纪80—90年代
品牌：万森（Vanson）

2.4 飞行服
flight clothing

　　飞行夹克最初是为空军设计的工作服。飞机驾驶舱较小，通常是精练的短款修身夹克。因飞行员处于高空，可能面临各种天气威胁，且早期机舱内并无保暖设备，因此飞行服需具有保暖和防水防风性能，通过皮革面料、羊毛衬里和螺纹松紧的组合，在腰部、手腕和颈部均紧密闭合，以实现保护飞行员的设计目的。第一次世界大战期间，随着航空战的兴起，飞行员面临着寒冷的气温和露天的驾驶舱。他们寻求能够抵御恶劣天气的保护措施，转而选择能提供一定御寒效果的皮革服装。这些早期的飞行服更类似于厚重的夹克和裤子，主要用作抵御大风和寒冷的温度。

飞行夹克
flight jackets

A−1 型夹克（1927 年）

A−1 型夹克是第一款量产的飞行夹克。1927 年起，有多家制造商开始生产制造 A−1 型夹克，直到 1931 年，更精良实用的 A−2 型夹克问世后，A−1 型夹克虽退出官方正式服装行列，但依旧被广泛使用，在第二次世界大战期间，它们仍然具有重要意义。

A−2 型夹克（1940 年）

A−2 型飞行夹克由 A−1 型夹克演变而来，他们最大的区别在于 A−2 型夹克门襟选用拉链而非纽扣，将 A−1 型夹克的立领改为翻领。自 20 世纪 30 年代初此设计问世后，A−2 型夹克一直流行至 1943 年。

B−3 型夹克（1934 年）

B−3 型飞行夹克是为高空飞行的轰炸机飞行员设计的，因此，也可以被称为"轰炸机飞行员夹克（Bomber jacket）"。B 型夹克与 A 型夹克的区别在于使用羊毛内里，为飞行员在高达 25000 英尺（约 7620 米）的高度保持温暖。夹克领口设有两条皮带，可用于闭合敞开的衣领，防风保暖。B−3 型夹克没有针织松紧腰带，剪裁较为宽松。

B-6型夹克（1939年）

B-6型夹克与B-3型夹克几乎流行于同一时间，B-6型在B-3型的基础上减轻了重量。

（从左到右依次为B-3型夹克、A-2型夹克、B-6型夹克）

B-7型夹克（1941年）

B-7型夹克又称B-7型派克大衣，于1941年至1942年间的第二次世界大战期间生产。B-7型夹克为中长款，设有兜帽，全内衬厚实羊毛，兜帽衬郊狼皮。B-7型夹克专为机组人员和极寒地区的地面工作人员设计，可以有效抵御严寒和暴风雪。由于生产成本很高，尤其在战争期间资源短缺的背景下只能生产很短一段时间。

M-422型和M-422A型夹克（1941年）

M-422型和M-422A型夹克是20世纪40年代美国海军飞行夹克中生产最多、使用最广泛的款式，美国海军及美国海军陆战队飞行员参加的每场战斗中几乎都有它的身影。M-422型夹克于1940年3月28日由美国海军航空局完成标准化，其与A-2型夹克的区别在于没有翻毛领。1941年10月1日，M-422A型夹克获官方认可。两者的区别在于，M-422A型夹克左侧口袋上增加了一个铅笔槽。

G-1型夹克（1947年）

1947年，将M-422A型夹克稍作修改，完成标准化后重新命名为G-1型夹克。两者十分相似，基本设计元素均为山羊皮面料、羊羔毛衬里和针织螺纹下摆。在衣长、衣领、口袋盖等处稍有区别，另外大多数M-422A型夹克都有"鲑鱼红"人造丝衬里，而大多数G-1型夹克则使用棕色衬里。

B-10型夹克（1943年）

B-10型夹克于1943年首次生产，与G-1型夹克款式类似，但面料不采用羊皮，衣领和衬里则为羊驼毛，保暖性稍弱于羊皮制夹克。

B-15型夹克（1944年）

B-15型夹克于1944年4月7日成为标准化服装。它使用新型人造纤维替代皮革，如棉、人造丝混纺或尼龙面料。B-15型夹克的另一功能特征是左臂上设笔袋且笔袋由贴袋改为斜插袋。

G-1 型夹克

该夹克具有典型的 G-1 型夹克的设计特征，前中拉链闭合、内衬羊羔毛、翻毛领，平整背部无活动褶等。肖特（Schott NYC）是摩托车夹克的开山鼻祖，在第二次世界大战期间，受美国空军委托，开始设计并生产飞行员夹克。

飞行夹克
flight jackets
编号：2014.1.4387
年代：20世纪90年代
品牌：肖特（Schott NYC）

该夹克具有 G-1 型夹克的标志性活褶（bi-swing back），即在后背双肩处设活褶，提供活动空间。可拆卸毛领、真皮面料、内衬为尼龙醋酸混纺，材质顺滑方便穿脱。设侧入式口袋和前开盖贴袋两对，里侧两个口袋。除了常见的功能性设计外，这件夹克还承载了极为重要的求生信息，背部印有英语、繁体中文、简体中文、缅甸语、泰语、老挝语的求助留言。当美军在亚洲作战，如战机被击落，使用降落伞紧急迫降到陌生国家需要援助时，可借助服装上的信息进行沟通，保护人身安全。这种"求助书"有的直接印在服装上，也有的印在一块布上供飞行员随身携带。内衬所印地图也是以备逃生之需。

飞行夹克
flight jackets
编号：2014.1.4397
年代：1991 年
品牌：艾维莱克斯（Avirex）

艾维莱克斯（Avirex）是美国军用服装品牌，于1975创立，发迹于纽约长岛的一家工厂，为美国军方提供限量夹克等服装。1975年，艾维莱克斯开始面向大众销售飞行员夹克并深受市场欢迎。1986年，艾维莱克斯为汤姆·克鲁斯Tom Cruise在电影《壮志凌云》*Top Gun* 中的角色制作了飞行员夹克。

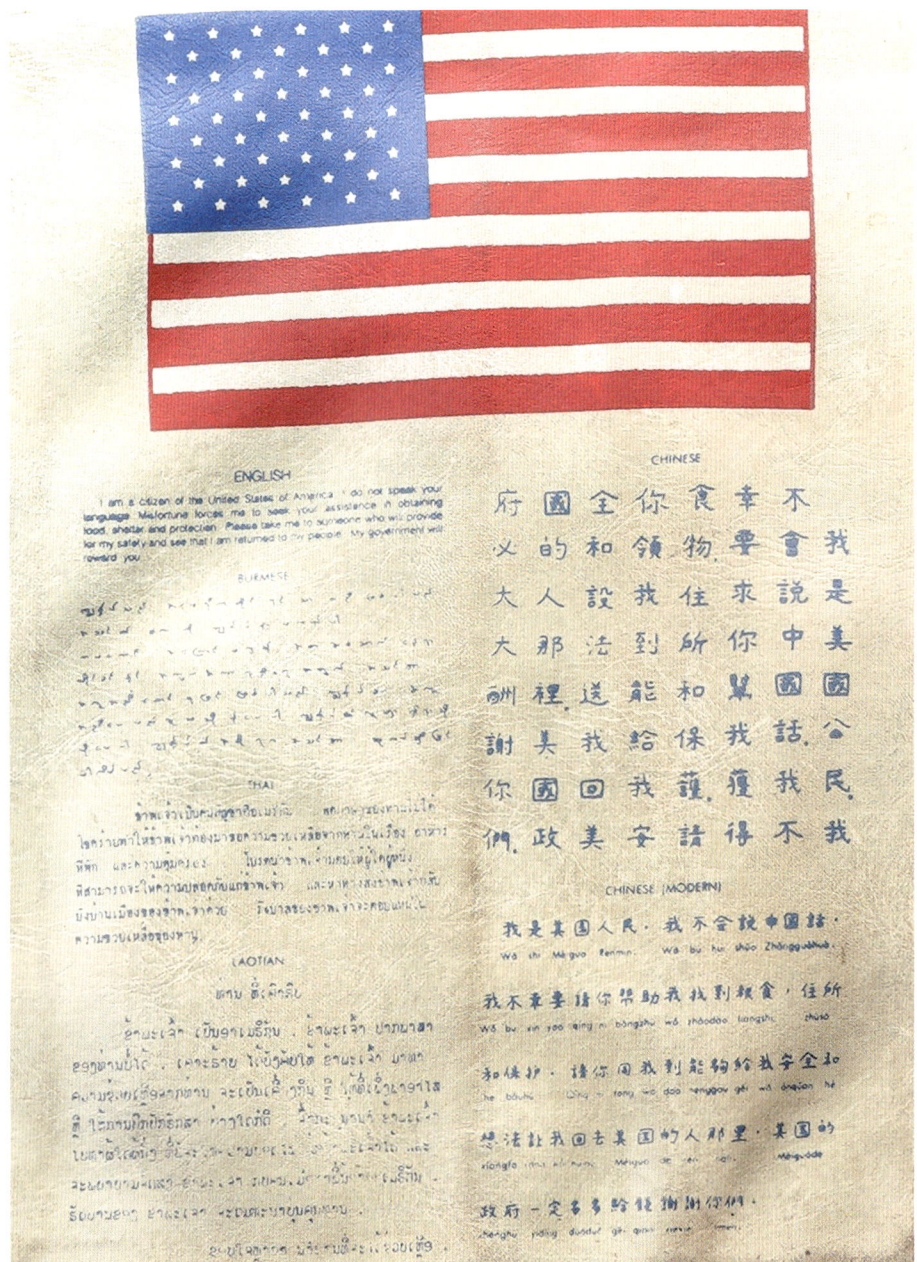

©AVIR
COPY RI
TOULOUSE
DORTMUND
KOLN
BASEL
BERN
GENEVE
Verdun
Dijon

美国空军连体服设计照顾到了飞行
员或机组人员在空中或地面生存所需的
一切。

CWV-1/P 型连体飞行服
CWV-1/P coverall flying suit
编号：2014.1.4546
年代：1962年

CWU-1/P型为20世纪50年代、20世纪60年代第一代冬季飞行连体服。采用65%人造丝和35%的羊毛混纺材料制成，兼具保暖和轻质防水特性。面料为鼠尾草色，以备飞行被击落后，飞行员可以融入环境更好地隐藏。

衣领较小且扁平，为了适应喷气式头盔，设隐藏兜帽，可收纳在拉链内，并带有系带以收紧防风。此款飞行连体服运用了大量的纽扣和拉链，实用性极强；腰间和袖口均设调节纽扣，以确保服装的合体度；后腰处一排纽扣解开后可上下分离，解决了连体裤不便上厕所的问题；裤腿设拉链用以调节围度，方便套入靴子。

高空作战所需的装备较多，但因机舱空间有限，且为应对如紧急迫降将面临的生存问题，飞行员须随身携带必要物资，故飞行服须着重考虑储物功能。此件飞行服的口袋极多：左臂上设带拉链的侧开袋和四个插槽的笔袋，可以放钢笔或铅笔，用于书写飞行记录；胸前和大腿处设有两对大口袋，有纽扣防物品掉落；膝盖上方和小腿处也设两对带拉链大口袋。另髋部两侧拉链内并无口袋，可帮助通风散热，还可方便伸入内层裤装的口袋。

拉链均为Conmar金属拉链，且主拉链设有皮革拉头。

SUIT, FLYING, NYLON, LT. WT.
BU. AERO - U.S. NAVY
CONTRACT NO. NOA (S) 3927
THE DRYBAK CORPORATION
SIZE 36M

CWV-1/P型连体飞行服
CWV-1/P coverall flying suit
编号：2014.1.4541
年代：20世纪

K-2A 型飞行服是
20世纪50年代初制造的
美国空军超轻尼龙飞行
服，没有尼龙魔术贴。

SUIT, FLYING, VERY LIGHT
TYPE. K-2A
SPECIFICATION. MIL-S-5265
Size　　　MEDIUM SHORT
DRAWING NO. 5183562
U.S.AF STOCK NO. S/N 8310-785990-443
ORDER NO. AF 33/038/29353
GREAT LAKES GMT. MFG. CO.
U.S.PROPERTY

K-2A型连体飞行服
K-2A coverall flying suit
编号：2014.1.4542
年代：1991年

轻便的K-2B型飞行服由棉制成，与橙色和卡其色的夏季连体服不同，不具有阻燃性。

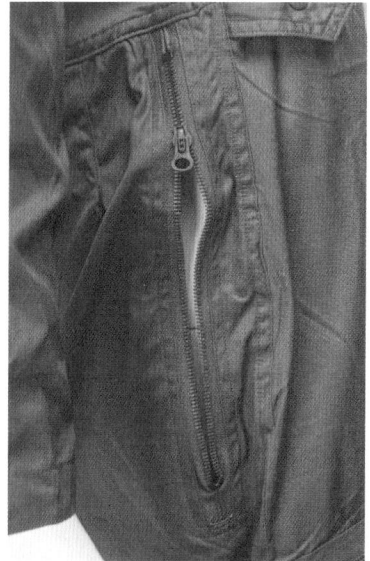

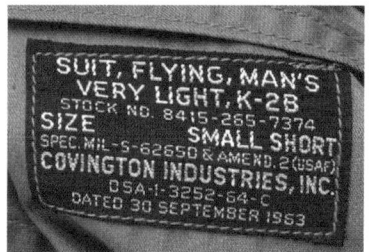

K-2B型连体飞行服
K-2B coverall flying suit
编号: 2014.1.4547
年代: 1963年

第 3 章

水下
运动服

SPORTING

FASHION

3.1 泳衣
bathing suit

19世纪初，海水浴成为一项新兴的娱乐活动，它被认为是一项有益于健康，而且很时尚的活动。早期女士们的泳装是由宽松的内衣改款而来的，目的是遮挡和保护身体免受阳光和水的伤害。随着火车等交通工具的发展，欧洲和北美各地都建立了海滨度假胜地，时髦的女士们需要一套时尚而又符合道德标准的泳衣（Bathing suit）。泳衣一般包括连衣裙、紧身胸衣、内裤和长袜，材质采用羊毛或棉花，但织物湿了会变得很重，不适合任何剧烈的运动。到19世纪末20世纪初，泳衣仍是连衣裙式的，1912年奥运会上，女性首次被允许参加游泳比赛，流线型泳装可以让女性在水中自由地前进，自此开始了女性泳装的现代化。第一次世界大战后，无论男女，针织的连体羊毛泳装非常受欢迎，随着新型材料松紧线（Lastex）的发明，泳装的塑形和花色更加多样。1946年法国时装设计师雅克·海姆（Jacques Heim）设计了一款极简主义的两件式泳衣，这种泳衣后来被称为比基尼，比基尼的诞生是女性泳装历史上最重要的时刻。随着好莱坞电影业的兴盛和明星效应，泳衣比以往任何时候都更能凸显女性的身体美。20世纪末，女性的泳装变得越来越大胆且色彩丰富，海滩上的女性泳装款式也丰富多彩，既有传统的连体式，也有无肩带的比基尼，泳衣越来越趋向多样化发展。

沐浴小屋（Bathing machine）
英国东苏塞克斯的圣伦纳兹海岸线

入海前，女性会在沐浴小屋（bathing machine）——一种木制移动更衣间内更衣。这些沐浴屋是一间带有大铁轮的小木屋，台阶从门口延伸到水里。沐浴小屋可以租用或由度假酒店免费提供给顾客，豪华的小屋里会铺有一小块地毯，方便更换衣服，还有一些梳妆镜和挂衣架等。需要游泳时，由马将小屋拉入较深的水域，这为女性在入海前提供了隐秘的庇护。

维多利亚时期的女性有许多穿着礼仪规范，19世纪末，女性们的泳衣造型是宽松的长裙和配套的及踝灯笼裤。这种服装由厚重的哔叽、斜纹棉布和羊毛制成，通常由女裁缝手工制作。裙子底摆还有坠铁，压得很沉，以防止它们向上漂浮，在灯笼裤下面穿长筒袜是为了更显端庄。

一件航海风格的泳衣，裤腿是灯笼裤式的，外有罩裙。为了遮住双腿，女性需要穿两双长袜，一双拉过脚踝，另一双穿在脚踝下面。下水后，深色衣物可以遮蔽身形。早期的泳装多采用这样的形式，女性在海上的主要活动就是随着海浪上下摆动和短距离划水。泳衣里仍穿着紧身胸衣来塑型，胸衣采用天然的鲸须而不是人造的螺旋钢，以防止在接触海水后生锈。

泳衣
bathing suit
编号：2014.1.11652
年代：19世纪90年代

　　这套羊毛泳衣还是维多利亚风格的套装，包括一条灯笼裤和一件无袖的连衣裙。贴边的装饰简洁，无袖，灯笼裤腿也更短，虽然它们要搭配长袜和系带的鞋子一起穿着，但也显示出泳衣具有的实用性和功能性。这类泳装已经可以从服装店和百货商店买到，而不必手工制作。这使得海边沐浴的受众更多，也更流行。

　　然而，社会还没有准备好接受这种女性形体的展示方式，女性可能会因为暴露过多的小腿而被逮捕。欧洲和美国的海滩上都有相应的道德管理员在巡逻，管理员会拦住海滩上的女性，测量女性的从脚踝到灯笼裤底部之间的距离。法律允许的空间因地而异，并取决于妇女的身高，藐视道德法的人将被处以罚款。

泳衣
bathing suit
编号：2014.1.11588
年代：20 世纪初

泳衣
bathing suit
编号: 2014.1.11664
年代: 20世纪初

身为职业游泳运动员兼演员的安妮特·凯勒曼（Annette Kellerman）1885年出生于澳大利亚悉尼。1905年女性还穿着连衣裙灯笼裤泳衣时，她在欧洲表演时就自制了连衣裤式泳衣：把男孩的黑色连体背心和内裤组合在一起，然后把黑色羊毛长袜缝在裤腿上。当她第一次穿着这套衣服出现在公共场合时，引起了轰动。之后她拍了一系列电影，成为美国无声电影明星而享誉国际。

下图这套泳装是按照她的设计制作的同款，由阿斯伯里·米尔斯（Asbury Mills）制作，使用羊毛针织面料。安妮特使女性游泳运动得到了普及，同时她也改变了时尚，成为现代泳衣的开拓者。

安妮特·凯勒曼穿着自制泳衣
年代：1906年

泳衣
bathing suit
编号：2014.1.13199
年代：20世纪20—40年代
品牌：安妮特·凯勒曼（Annette Kellerman）

羊毛泳衣
wool bathing suit
编号：2014.1.11675
年代：20世纪20—30年代
品牌：詹森

在温暖、阳光明媚的豪华度假胜地，游泳和日光浴成了备受欢迎休闲活动。在夏季，只要有海滩，游泳和日光浴就会迅速流行起来。新样式的"泳衣"就此诞生，这是一件纯羊毛的连体衣。上衣是一件长及臀部的无袖背心，显示出直线轮廓。泳裤的长度各不相同，从大腿上部延伸到膝盖，或稍高于膝盖，一般附着在外衣上。

20世纪30年代好莱坞对泳装行业的影响是巨大的。最大牌的女明星与制造商签订了自己的泳装合同，在不断壮大的百货连锁店的柜台上可以买到更便宜的泳装。

1910年美国俄勒冈州的波特兰针织公司成立，公司为波特兰赛艇俱乐部制作一套羊毛套装，这是一件纯羊毛连体衣，用螺纹针编织，弹性好，可以拉伸。由于此套装在游泳运动中大受欢迎，该公司才开始将这种服装宣传为"泳衣"（bathing suit）出现在产品目录中，此后羊毛泳衣风靡了近20年。

1918年公司改为以创始人的姓氏命名：詹森（Jantzen）。20世纪20年代推出了穿戴红色泳衣、长袜、羊毛帽的跳水女孩的形象标识，并随着时间推移，跳水女孩穿着的红色泳衣也不断更新，反映泳衣的流行演变，成为公司最具代表性的标识。

1920　　1928　　1948

1990　　现在

20世纪20年代，女性的泳装渐渐与男性相类似。泳装有两件式泳衣，也有连体式泳衣，大多为无袖，但衣长较长，遮住了胯部。材料主要为羊毛以及具有弹性的平纹、螺纹针织面料。为了防止人们在水中走光或泳衣变色，往往只有深色泳装可供选择。如这件湖绿色的羊毛泳衣，衣身很长，几乎遮住了大腿，在衣摆处有简单的三角条纹装饰，还有米色的蝴蝶结腰带装饰。这种新型泳衣类似于一种现代的针织紧身毛衣，但它是由天然羊毛制成的，遇湿后会变得很沉，对于运动功能来说还是受限的。然而，这些女泳衣干燥时看起来非常时髦。经历了战争的艰辛，见证了巨大的经济和社会变革的普通女性也开始要求自己的游泳服不仅仅是实用的，还需要是时尚的。

泳衣
bathing suit
编号：2014.1.11605
年代：20世纪20—30年代

泳衣
bathing suil
编号：2014.1.11597，2014.1.11601
年代：20世纪10—30年代

20世纪 20 年代初流行男孩样的扁平时尚，至 20 世纪 20 年代末凸显女性特征的羊毛印花泳衣指引了泳装的发展方向。这件泳衣强调了胸部的曲线轮廓，挖深后背，裤腿较短，螺纹织得更精细，装饰也尽量简化。20 世纪 20 年代出现了欧洲风格与美国风格的第一次大分歧，运动的、实用的、面向所有人的现代美国服饰已经初具规模。相比之下，欧洲人追求的泳装更合体，色调更暗，有明显的阶级差异，泳装完美地体现了这种差异。大西洋两岸都喜欢实用的"maillot"，即连体针织游泳衣，但在法国，这种服装的裤腿较短，编织的螺纹织得更精细，装饰也尽量少。

泳衣
bathing suit
编号：2014.1.11640
年代：1928—1935年
品牌：詹森

斯特恩百货（原Stern Brothers）是美国一家区域百货连锁店，为美国纽约州、新泽西州和宾夕法尼亚州提供服务。该连锁店已营业130多年，是一家以时尚服装而闻名的优雅商店。下图这款泳装是詹森专为斯特恩百货公司定制的联名款。

泳装为羊毛螺纹针织质地，交叉背带成为泳装一个时尚的细节，一直持续到今天。斜切的腿部裁剪搭配了一条同质地的短裙。随着美黑的流行，这件泳装深V型领口，后背裸露的设计，适合人们在沙滩上日光浴。

泳衣
bathing suit
编号：2014.1.11645
年代：20世纪30—40年代

20世纪30年代末，两件套泳装突然风靡起来。这款两件式泳衣采用蓝白羊毛针织面料，抽象的帆船图案作为装饰。可以看出早期的两件式泳衣裤子腰线比较高，不会露出肚脐，相比之后的比基尼较为保守。

两件套泳衣
two-piece bathing suit
编号：2014.1.11657
年代：20世纪30—40年代
品牌：詹森

The Australian Women's Weekly
Jantzen glamour!
RAPTUROUS, WRINKLE-FREE FABRICS CUT WITH TELLING SIMPLICITY
Jantzen's Velva-Sheen.
Jantzen's Knit-in fabrics.
Jantzen's Floral-pattern fabric.
Slip into Jantzen's glamour at smart stores everywhere . . . Jantzen (Aust.) Ltd. Lidcombe, N.S.W.

卡特琳娜（Catalina）成立于1907年，是加州一家最古老的内衣和毛衣制造商。1912年，公司在其现有的针织产品线中引入了泳装。随着20世纪30年代电影的崛起，卡特琳娜采用了"为好莱坞明星设计"的口号，好莱坞明星如奥利维娅·德·哈维兰（Olivia de Havilland）和贝蒂·戴维斯（Bette Davis）等都参与公司的营销活动，进一步提升了品牌声誉。卡塔琳娜认为选美活动是一种很好的公关工具，于是她创立了"美国小姐""美国妙龄少女"和"环球小姐"选美比赛，并在随后的几十年里与他人共同赞助这些比赛。

下文这两套泳衣的样式都是比基尼的雏形，面料采用了无弹性的棉布，一套用褶皱塑型，印花图案为与卡塔利娜商标类似的飞鱼图案，另一套的裙裤设计，更适合休闲度假穿用。

两件套泳衣
two-piece bathing suit
编号：2014.1.10191
年代：20世纪40年代
品牌：卡特琳娜

两件套泳衣
two-piece bathing suit
编号：2014.1.10843
年代：20 世纪 40 年代
品牌：卡特琳娜

泳衣新材料 new fabric of swimming suit

20世纪30年代起，许多公司开始生产泳衣，包括美国橡胶公司。防水橡胶泳衣穿着数次后弹性会变弱，舒适度也很差，所以很快就被淘汰了。不过美国橡胶公司还为女性推出了一系列引人注目的护发游泳帽，虽然这些帽子并不会修饰佩戴者的外表，但直到今天护发游泳帽仍然很受欢迎。

随后美国橡胶公司推出的橡胶松紧线（lastex）具有极佳的弹性，可以编织成许多不同类型的织物，这对泳装和内衣行业来说是个好消息。杜邦公司在1938年推出了第一款商用尼龙，随后尼龙马上被用于泳衣和内衣的制造。人造织物工业在第二次世界大战后突飞猛进地发展，制造商从战争材料中解放出来开始专注于开发时尚面料，这促进了腈纶、氨纶、涤纶等弹性纤维的出现，以及后来杜邦公司莱卡面料的发明。这些面料具有弹性合身、光泽度好、易清洗等优点，使得泳衣设计师能不断更新产品。

这件卡特琳娜的黑色泳装，后背上密密麻麻地缝有橡胶松紧线（Lastex），面料还采用与杜邦的尼龙混合的人造弹性天鹅绒。人造丝绒既有超强的弹性，也有华丽的光泽，比起以前羊毛针织泳衣的颜色和印花，现在的泳衣有了更广泛的选择，异国情调的、丛林式的印花很受欢迎。泳衣的塑型也更简单，与当时女性对沙漏型身材的追求相得益彰。

泳衣
bathing suit
编号：2014.1.10823
年代：20世纪40年代
品牌：卡特琳娜

这件印花棉布的连体泳衣，在其胸部和后背处缝有Lastex弹性线，这是一种非常精细的弹性纱线，由橡胶制成，具有极佳的弹性，可以编织成许多不同类型的织物，使原来无弹性的织物可以更贴合身型，对泳装和内衣行业来说是一个大的飞跃。很快，美国的各大泳装公司都生产出了各自版本的以这种新兴的神奇织物为材料的泳装。

泳衣
bathing suit
编号：2014.1.10813
年代：20世纪50年代
品牌：皇家（Regal）

考虑到泳衣中使用的天然材料容易褪色和变形，人们还尝试了各种新型的合成材料。如这件泳衣用了新型材料染色醋酯长丝和短纤维（chromspun），它的说明标签上有详细介绍：

伊士曼锁色醋酸纤维具有全面优异的色牢度，耐光，耐盐，耐氯池，耐磨，耐汗渍，耐洗涤和废气。这种材料拥有最佳的牢固度，但舒适性一般，因此在泳衣中使用了棉质内衬。

CHROMSPUN

Eastman color-locked acetate fiber has excellent all-around color fastness to light,* salt water, chlorinated pools, crocking, perspiration, washing and atmospheric fumes.

Shake out water. Do not wring or twist.

*All Chromspun colors have passed Class L6, AATCC tests for light fastness.

泳衣
bathing suit
编号：2014.1.10779
年代：20世纪50年代

克莱尔·麦卡德尔（Claire McCardell）是 20 世纪最具影响力的女性运动服装设计师之一。她最出名的是对"美国形象（American look）"的贡献，她的灵感来自美国女性积极的生活方式，设计作品以实用的休闲服装和泳装而闻名。

这件泳衣面料为格纹人造丝，款式是经典的女式灯笼裤（bloomer），上衣也采用围裹式，在胸口开了一条缝，领口扣子可以解开，也可扣上。

泳衣
bathing suit
编号：2014.1.10801
年代：20 世纪 40 年代
设计师：克莱尔·麦卡德尔

罗斯·玛丽·里德（Rose Marie Reid）是一位成功的加拿大裔美国泳装设计师，以创新和时尚的泳衣设计而闻名。她为不同身形设计各种尺寸的泳装，把泳衣当作晚礼服来设计，相信每件泳衣会给女性带来自信和魅力。

自 1947 年克里斯汀·迪奥推出了 New Look 的造型，为了跟上潮流，女性需要沙漏型的曲线。这款泳衣在胸部增加胸垫，并用骨撑塑型，银蓝格纹的面料具有金属的质感，高弹性的新材料凸显时髦的沙漏造型。

泳衣
bathing suit
编号：2014.1.10173
年代：20世纪50年代
设计师：罗斯·玛丽·里德

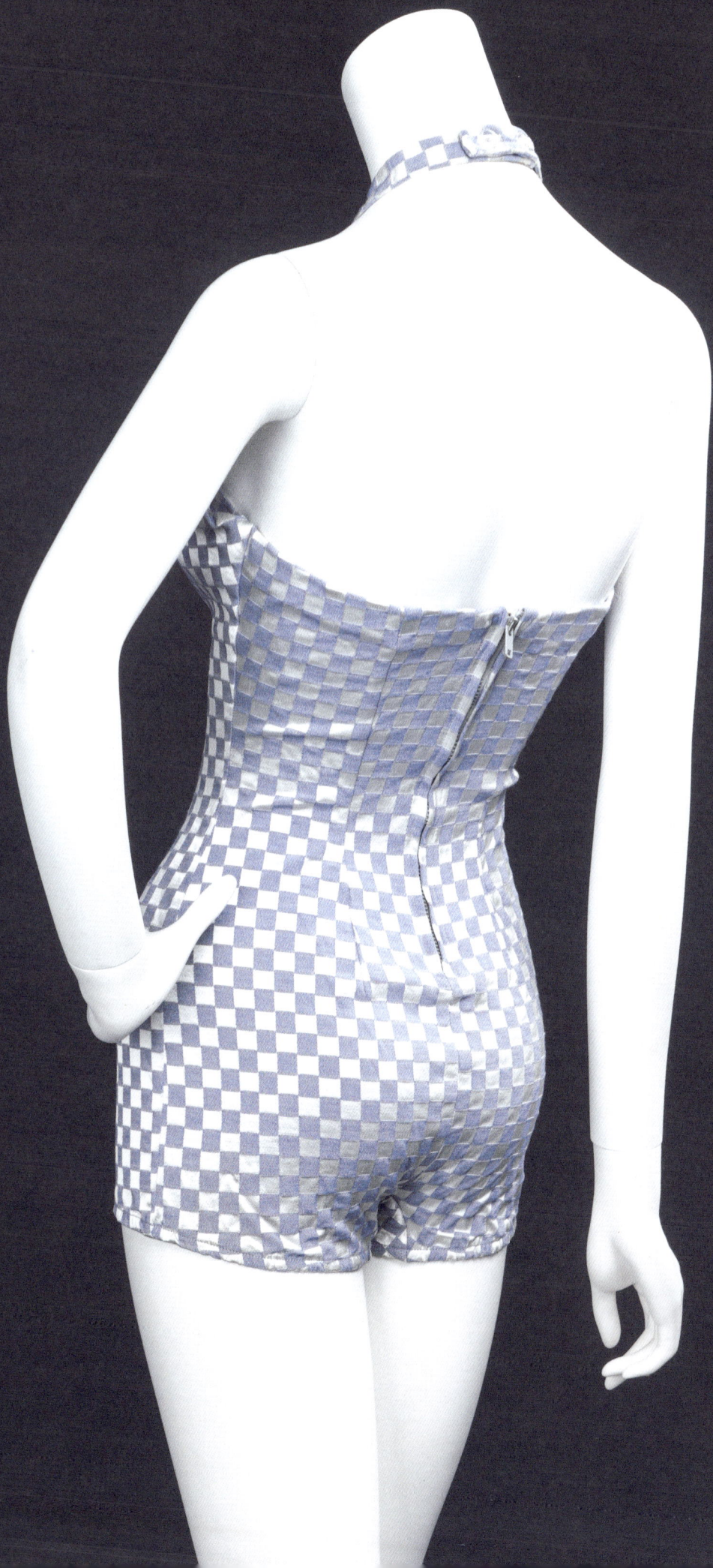

　　玛丽·安·德威斯（Mary Ann DeWeese）在20世纪30年代加入卡特琳娜公司（Catalina sportswear），推出甜心泳衣系列等成功作品，并设计了多届美国小姐选美比赛中的泳衣，成为一位广受好评的设计师。1951年，她创立了德威斯设计公司（DeWeese Designs）。1960年奥运会美国的官方队服及1961年美国参加世界水上团体锦标赛的官方服装，均由德威斯设计制作。

　　德威斯早期泳衣设计的最大特征是装饰形状各异的贴花和莱茵石，下图这件泳衣就在蓝色条纹上装饰了白色小雏菊。

泳衣
bathing suit
编号：2014.1.10829
年代：20世纪50年代
设计师：玛丽·安·德威斯（1913—1993）

戈特克斯（Gottex）是一家先锋泳衣公司，由李·戈特利布（Lea Gottlieb）于1956年在以色列特拉维夫创立，她的设计灵感来自中东当地的阳光和色彩：地中海的浅绿色、沙漠的金黄色、提比里亚湖的蓝色、耶路撒冷石头的粉红色和加利利的绿色。

这件无肩带的泳衣配色丰富，几何纹色块体现了戈特克斯品牌的设计特色。20世纪50年代无肩带泳衣的风靡，一方面是美黑的需要，另一方面是由于各种新型的弹性面料的出现。如这件泳衣就用了莱卡面料，同时期无肩带连衣裙和上衣，也是时尚的新品。

泳衣
bathinq suit
编号：2014.1.11356
年代：20世纪50—60年代
品牌：戈特克斯

加利福尼亚的科尔（Cole of California）最初是一家男式针织内衣制造商，1925年开始生产制作具有好莱坞魅力的女式泳衣。1936—1972年，公司的首席设计师是前戏剧服装设计师玛吉特·费里吉（Margit Felligi）。费里吉推动了泳装行业的许多创新，例如使用橡胶松紧线（Lastex）、尼龙和氨纶等材料。1964年，她以"丑闻（Scandal）"系列泳衣震撼了泳装界，这件名为"Outrageous（大胆）"的泳衣即来自此系列。深V领的文胸和短裤用黑色弹性棉网连接以适应各种身型，该创新面料由费里吉设计开发。

泳衣
bathing suit
编号：2014.1.10877
年代：1964年
品牌/设计师： 加利福尼亚的科尔/玛吉特·费里吉

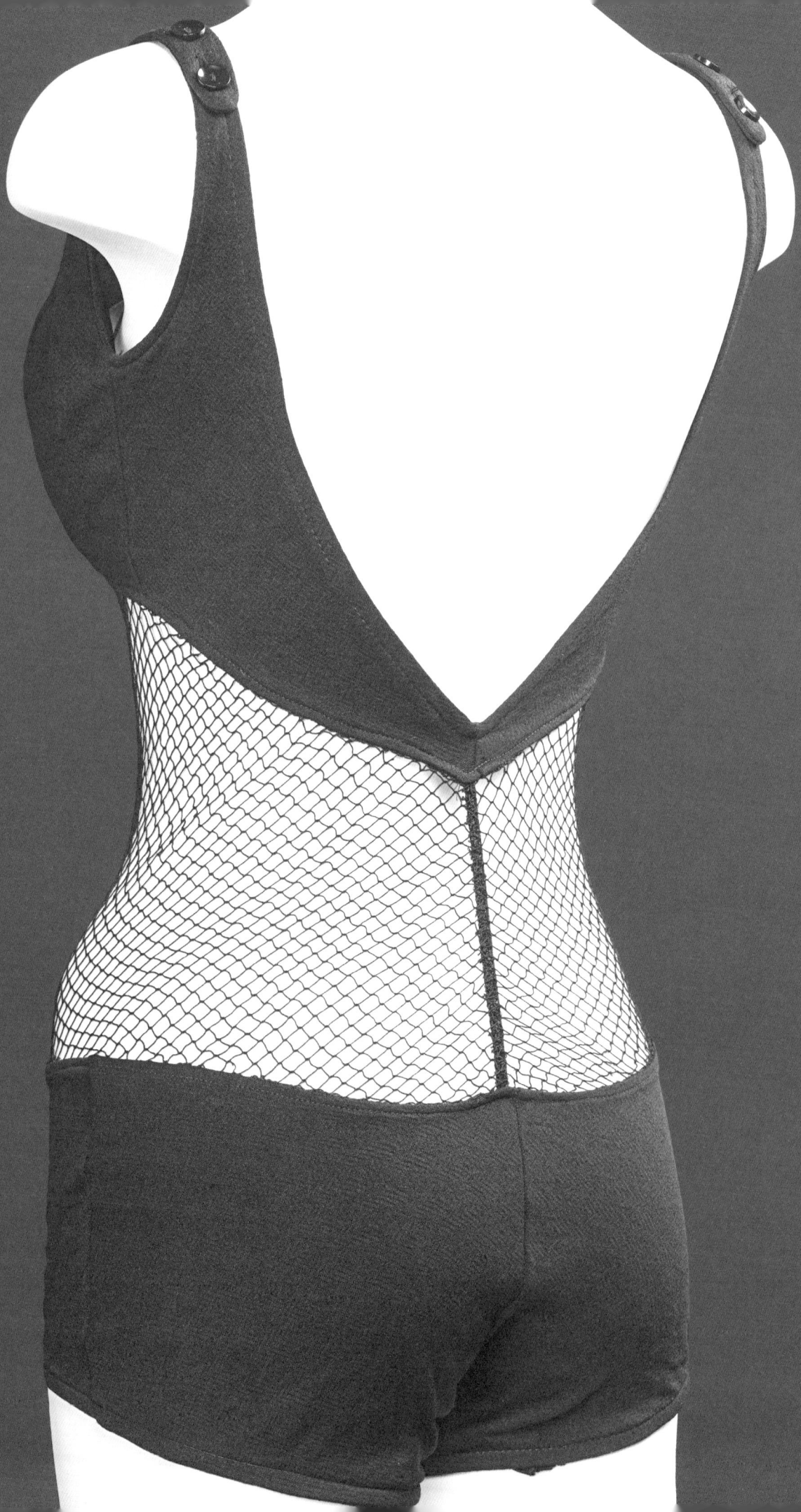

20世纪60年代末至70年代，钩编比基尼和连体式泳衣逐渐流行起来。钩针编织是泳衣新的流行材料，具有大胆的镂空透视效果，在海滩度假胜地颇受欢迎。手工编织的流行，正是20世纪70年代追崇自然的波希米亚民族风格的体现。

泳衣
bathing suit
编号：2014.1.10873

泳衣
bathing suit
编号：2014.1.10874
年代：20 世纪 60—70 年代

比基尼的诞生 the birth of the bikini

　　1946年5月，法国时装设计师雅克·海姆设计了一款极简主义的两件式泳衣，称为"原子（Atome）"。法国工程师路易斯·雷姆萨德（Louis Réard）在两个月后也发布了相似的泳衣"Bikini"，即"比基尼"，这一名称来自进行核试验的地点——比基尼环礁。与之前的两件式泳衣不同，这款比基尼露出了腹部和肚脐。法国女性对这一设计表示欢迎，但天主教会、一些媒体和大多数公众最初认为这是不雅的，甚至是可耻的。比基尼并没有立即获得成功，然而当时许多知名女演员，如碧姬·芭铎（Brigitte Bardot）、丽塔·海华斯（Rita Hayworth）和艾娃·加德纳（Ara Gardner）都尝试穿比基尼，并受到了媒体和大众的关注。到20世纪50年代末，欧美各百货公司都推出了自己品牌的比基尼，从20世纪70年代开始，设计师们开始接受细绳比基尼和三点式比基尼，它们变得越来越轻薄，反映出女性体型的变化——圆润和运动感被苗条取代。

泳衣
bathing suit
编号：2014.1.11386；2014.1.11385；2014.1.11384；2014.1.11374；2014.1.11373；2014.1.11372；2014.1.11371
年代：20世纪后半叶

泳帽
bathing cap
编号：2014.1.21409、2014.1.21418

泳帽
bathing cap
编号：2014.1.21411

泳帽
bathing cap
编号：2014.1.21413

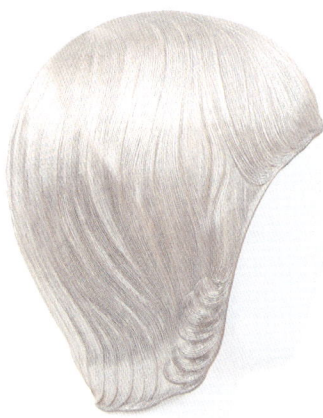

泳帽
bathing cap
编号：2014.1.21415

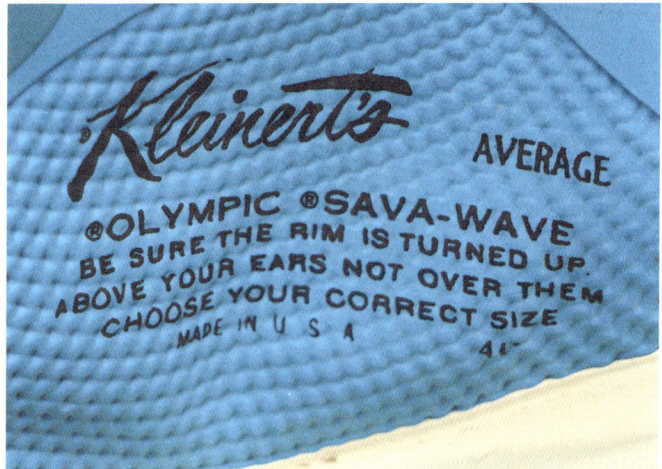

泳帽
bathing cap
编号：2014.1.21416

从罗马时代的壁画来看，男性一直悠闲地享受裸泳。到19世纪中叶，至少在英国，裸泳已被完全禁止，人们开始流行用内衣遮盖身体。从那时起，男士泳装经历了许多变化，但与强调女性曲线的女性泳装相比，男士泳装则以朴实无华的风格和坚实的外观来凸显男性气质。19世纪末到20世纪初，多数男性游泳者在水中穿着由深色或纯色的羊毛制成的无袖泳衣，长度一直延伸到膝盖。20世纪20年代，海滩成为人们最喜爱的休闲场所，晒日光浴成为一种时尚，男士泳装的设计也更加注重身材和运动感。以前的长袖设计已经消失，取而代之的是背心式上衣，并配有合身的泳裤。这件连体泳衣，上身部分是细条的背心式，裸露更多，下身露出部分泳裤，遮住臀部。衣摆处装饰有白色条纹，和白色腰带及衣身两侧的白色条纹相呼应。女装的泳衣和男装区别不大，一般男装腰带装饰有金属扣。

男泳衣
men's swimsuit
编号：2014.1.11606
年代：20世纪10—20年代
品牌：大力神（Hercules）

随着 20 世纪 30 年代的到来，受装饰艺术运动的影响，泳装出现了一种更加合身的高腰设计。新型材料 lastex 和尼龙材料的发明，预示着泳装的新纪元。泳衣的弹性面料更贴合穿着者，可适用不同的身材和尺寸。特殊的支撑材料被用到男泳装短裤中，称为苏纳卡支撑（Sunaka suppor），给穿着者带来整洁的外观，并增加了舒适感。泳装越来越受男人们欢迎，但他们仍然不被允许裸露上身。在 1933 年，演员迪克·鲍威尔（Dick Powell）为詹森代言了一款名为"Topper"的男性泳衣，这是一套可以拆卸的泳衣套装。交叉露背的小背心用拉链和短裤连接，方便脱卸。维多利亚时代男性被禁止裸泳；到了 20 世纪 30 年代后期，男性才开始在游泳时不穿上衣；到 40 年代末，男性赤裸上身游泳成为常态。

男性泳衣
men's swimsuit
编号：2014.1.11607
年代：20 世纪 30 年代
品牌：詹森

泳裤
swimming trunks
编号：2014.1.10773
年代：20世纪20—30年代

3.2 潜水服
diving suit

　　第一套抗压潜水服制造于18世纪10年代，被用于水下打捞工作，由皮革或防水帆布制成，必须增重才能在水下下沉。第二次世界大战期间，倍耐力公司用乳胶和橡胶制作了更轻的潜水服，供意大利蛙人在军事行动中使用。美国物理学家休·布拉德纳（Hugh Bradner）于1951年发明了潜水服新材料——氯丁橡胶，它是一种合成橡胶材料，具有出色的绝缘性能，并且坚固、柔韧、浮力大。布拉德纳是一名狂热的冲浪者，他想要一件轻便的潜水服，帮助他抵御寒冷的太平洋海水。最初的潜水服的工作原理是将少量的水困在身体和潜水服之间，这些水被身体自身的温度加热并起到隔热的作用。1952年，第一批潜水服被制造出来并出售给美国冲浪者。然而，早期的潜水服穿起来很费劲，而且接缝处容易撕裂。氯丁橡胶和尼龙、氨纶结合，潜水服材料得到进一步创新，这使得潜水服更容易穿戴，不再需要过多的拉链，而且潜水服在水中更加贴身，呈流线型。

潜水服
diving suit
编号：2014.1.7625
年代：20世纪后半叶
品牌：温沃德（Windward）

最初潜水服的背衬材料以尼龙针织布的形式出现，它被用在氯丁橡胶的一侧，这使得游泳者可以相对轻松地穿上潜水服，因为具有弹性的尼龙承担了大部分拉扯的压力。但潜水服表面仍是较硬的氯丁橡胶，限制了灵活性。

潜水服大部分是黑色的，1960 年，英国邓禄普体育公司推出了黄色氯丁橡胶潜水服，旨在提高服装可见度以及潜水员安全性。然而，这条生产线不久后就停产了，潜水服又恢复到了单一的黑色。20 世纪 70 年代，双面氯丁橡胶被开发。在这种材料中，泡沫橡胶层夹在两个保护性织物之间，大大提高了抗撕裂性。潜水服外层能用缝制的各种颜色的块面和条纹来装饰。在 20 世纪 80 年代，全彩色的潜水服开始流行，鲜艳的荧光色成为了主流。

潜水服的主要功能是隔热，次要功能是浮力和保护穿用者免受环境危害，常运用在包括水下潜水、帆船、海上救援行动、冲浪、漂流、皮划艇以及某些情况下的耐力游泳等各项运动中。

潜水服
diving suit
编号：2014.1.11875
年代：20 世纪后半叶
品牌：罗尼（Ronny）

第4章

滑雪
运动服

SPORTING
FASHION

　　"Ski（滑雪）"一词来自古斯堪的纳维亚语"skíð"，意思是"劈开的一块木头或柴火"。滑雪最初是一种交通方式，主要存在于世界上常年覆盖冰雪的地区。到19世纪中期，挪威把原只用于军事训练的滑雪比赛对社会公众开放，自此滑雪作为一种休闲运动逐渐流行起来。

　　早期的滑雪服在很大程度上借鉴了奥地利和巴伐利亚地区的民族服装：男性的典型服饰是背带皮短裤（lederhosen），女性则穿着羊毛紧身连衣裙（dirndl）。到20世纪初，滑雪服主要由羊毛服装和皮草等天然材料制成，女性在长裤外还要穿上长裙。第一次世界大战后，滑雪运动在上流社会中兴起，1922年，海明威首次前往瑞士后成为滑雪爱好者，并体现在其作品《越野滑雪（ross Countny Snow）》及《流动的盛宴》(A Moveable Feast）中。20世纪20年代，女性终于放弃了裙子，羊毛长裤搭配具有装饰艺术风格的羊毛针织衫风靡一时。20世纪30年代，防水的花呢和巴宝莉的防水面料开始运用到滑雪服上，拉链也被应用在口袋和裤子上。20世纪40年代，由于战时面料短缺，两件套的滑雪服开始流行，两面穿夹克使其变得更实用。20世纪50年代后，滑雪服面料以合成纤维为主，德国品牌博格纳（Bogner）推出的羊毛尼龙混纺的弹力裤改变了滑雪装的下装。20世纪60年代出现了第二次滑雪浪潮，电影和文学作品中可见对滑雪场景的描写。20世纪70至80年代，滑雪服饰样式已经日常化，以高领毛衣、背心及高饱和度的配色为鲜明特征。

2016 年 3 月，马可·苏利文（Marco Sullivan）身穿背带皮短裤和法兰绒衬衫结束了自己十七年的滑雪比赛生涯。

19 世纪末，奥地利出现了滑雪运动先驱，如马蒂亚斯·兹达斯基（Mathias Zdarsky）和汉内斯·施耐德（Hannes Schneider），他们总结、创新并教授现代滑雪技术，为这项运动的流行奠定基础。于是，滑雪服装也受到了奥地利文化的影响，其中最具代表性的即为背带皮短裤（Lederhosen）。穿着背带皮短裤滑雪的传统也延续至当代，滑雪运动员会在比赛中，尤其是职业生涯的最后一场，通常会穿着背带皮短裤告别滑雪界。

2014 年 3 月，加拿大滑雪运动员迈克·雅尼克（Mike Janyk）穿着奥地利基希贝格地区人们送他的背带皮短裤参加职业生涯最后一场比赛。基希贝格雪场是加拿大国家队的训练场所在地，也是 2009 年迈克夺得铜牌的滑雪世界锦标赛的举办地。

　　背带皮短裤用鞣制皮革制成，柔软轻便，且具有防撕裂性能。背带皮短裤的长度通常不过膝，以便于进行骑行、狩猎等户外运动。其包括两个侧袋、一个臀部口袋，一个刀袋。裤腿两侧下方设有绑带。其最显著的特征是裤裆处的前襟可翻下，可拆卸背带通过胸前的横条连接，在这些部位及两侧裤腿下方，常有刺绣装饰，图案多为高山动植物，如小鹿和草地上的野花等，色彩以棕色、绿色等为主，呈现出自然朴实的风格。

背带皮短裤
lederhosen
编号：2014.1.5240
年代：20 世纪 20 年代

背带皮短裤
lederhosen
编号：2014.1.5245
年代：20 世纪 20 年代

第一次世界大战后，在欧洲的原始山脉上开始出现了滑雪小镇，"美国第一滑雪胜地"太阳谷（Sun Valley）于 1936 年盛大开幕，欧美的上流社会人士开始热切地尝试滑雪这项新颖的休闲运动。1924 年的第一届冬季奥运会也进一步使滑雪服流行起来。

当时专用于冬季户外运动的服装尚未普及，主要通过改造基本款日常服装，使其更具功能性。战时广泛使用的服装辅料——拉链，也开始应用在滑雪服中。这一时期的滑雪服还是以羊毛材质为主，不过人们开始尝试提升羊毛的防水性，出现了如阿里德克斯（Aridex）、克莱文（Cravenette）等防水处理工艺。螺纹、松紧带、调节扣等用以收紧袖口、下摆、腰部等，提升滑雪服的防风保暖性。裤腿处加上踏脚带，以便更好地贴合雪鞋。

20 世纪 20 年代起，女性开始和男性一样穿滑雪裤滑雪，这在当时被认为是大胆前卫的，不过前期裤子以两侧开襟为主，而后才出现了前开襟。

20世纪30年代中期，得益于弹性纱线lastex的发明，通过在袖口和裤脚设置罗纹松紧，大大提升了滑雪服的性能。

①保暖性：可以防止冷风从袖口侵入，起到保暖的作用。

②实用性：可防止内层衣物外露。

③舒适性：具有良好的弹性，便于活动，穿着更加舒适。

布拉德利针织公司（Bradley）位于美国威斯康星州德拉万，成立于1904年，生产各种毛织品，包括游泳衣、毛衣和其他运动服装。这套藏蓝色滑雪套装，采用羊毛针织面料，用夸张的几何图案装饰上衣四个口袋，形成强烈的对比，是装饰艺术风格的体现。

滑雪套装
ski suit
编号：2014.1.4712
年代：20世纪30—50年代
品牌：布拉德利

上衣为半开襟套头式，双肩处以白色织带斜条纹作为装饰。腰带与衣身采用同质面料，并在两端装饰毛球，领口设有挡风扣。由经过 Cravenette 工艺处理的羊毛呢制成，克莱文是一种古老的防水处理工艺。20 世纪初，墨菲（A. Murphy）、希区柯克（WG Hitchcock）和赫尔曼（H. Herrmann）等多家美国供应商都在提供这种布料。

滑雪套装
ski suit
编号：2014.1.4707
年代：20 世纪 30—50 年代

套装主体为灯芯绒面料，在翻领、袖口、裤脚处均采用针织螺纹，既增强了功能性，菱格图案具有装饰效果。

腰间设双排调节扣，同袖口及裤侧缝的白色条纹一起，使整套服装有类似棒球服的运动风格。裤脚既有拉链又有螺纹松紧，方便穿脱。

滑雪套装
ski suit
编号：2014.1.4705
年代：20世纪30—50年代

　　夹克和背带裤的组合在 20 世纪三四十年代较为流行，这种形式似乎还能看到早期背带皮短裤的影子。这套滑雪服设计的特别之处在于用四种颜色的线钉缝出装饰线，且使用了单股加捻线和双股加捻线两种不同的线，两种线加捻方向也不同。

滑雪套装
ski suit
编号：2014.1.4704
年代：20 世纪 30—50 年代

1940 年的商店传单巴特里克时
尚新闻（*Butterick Fashion News*）
内页

滑雪套装
ski suit
编号：2014.1.4704
年代：20世纪30—50年代

双排扣翻领套装。品牌创始人雅名布·R. 科勒（Jacob R. Kolliner）出生于1865年，自1883年起一直在美国明尼苏达州的斯蒂尔沃特从事服装生意。

滑雪套装

ski suit

编号：2014.1.4706

年代：年代：20世纪30—50年代

品牌：Kolliner-Newman MFG.CO.

羊毛呢和皮革的碰撞。胸
口的矩形口袋和裤子前侧的三
角形口袋盖形成巧妙对比。

滑雪套装
ski suit
编号：2014.1.4713
年代：20 世纪 30—50 年代
品牌：Dominion Manufacturing Co.

胸前侧开口袋设拉链，保护物品不
掉出。

滑雪套装
ski suit
编号：2014.1.4702
年代：20世纪30—50年代
品牌：SKI-SLIDE

深浅色的碰撞和圆弧形口袋给服装增添了趣味。

滑雪套装
ski suit
编号：2014.1.4701
年代：20世纪30—50年代

腰部和手臂设计极宽的螺纹，方便活动，收紧防风。领口拉链可以完全
闭合，保护下颌及脖颈。

滑雪羊毛上衣
ski jumper
编号：2014.1.4523
年代：20 世纪 30 年代
品牌：布拉里德

此为一件童装，胸前麋鹿刺绣颇有童趣。门襟重叠面积大，防风保暖。

滑雪外套
ski coat
编号：2014.1.4534
年代：20世纪30—50年代

这套滑雪服采用较厚的羊毛呢制成，通过多处细节设计提升实用性能。上衣门襟重叠面积大，拉链既有闭合效果，其所在位置也能提高服装合体度。两侧腰有松紧带，袖口和裤脚均设有纽扣，踏脚带（gaiter）帮助裤子与雪鞋更好地贴合，以增强防风保暖性。上衣胸袋和裤子的侧袋均有纽扣以保护物品在运动时不掉出。

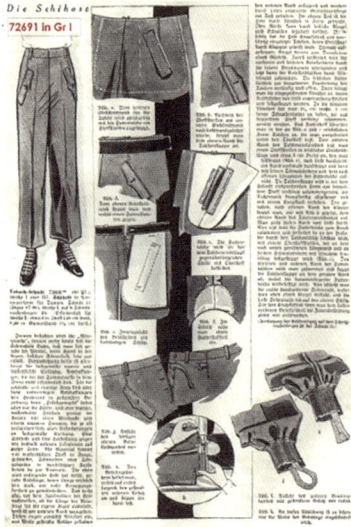

20世纪30年代，德国滑雪裤纸样中对踏脚带的介绍。

踏脚带
gaiter
编号：2014.1.4715
年代：20世纪40年代

选用经aridex防水处理的高密斜纹布面料，内衬羊羔绒，正如领标上所注明的"运动面料（sports fabric）""防风保暖（Weather-resistant）"，实用性强，适用于户外。侧腰以调节扣收紧，裤脚设弹力踏脚带。上衣及裤子口袋均设有袋盖。

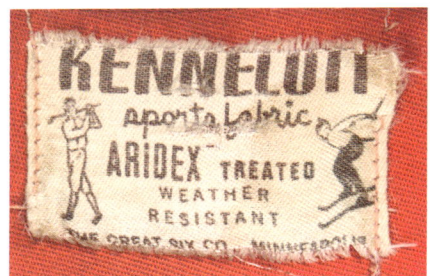

滑雪套装
ski suit
编号：2014.1.4599
年代：20世纪30—50年代
品牌：Kennelon

宽肩、锥形裤、深色，均反映了战时的服装特征。

1941年美国电影《太阳谷小夜曲》（*Sun Valley Serenade*）中的滑雪服。女主演索尼娅·海尼（Sonja Henie）是三届女子单人滑冰奥运冠军。

踏脚带
gaiter
编号：2014.1.6921
年代：20世纪40年代

　　20 世纪 40 年代，由于战争面料短缺，夹克常被设计成可两面穿着，一面为低调的棕色、灰色和深蓝色等，与裤子颜色相协调；另一面为明亮的黄色、橙色和红色，与裤子形成强烈对比，以创造不同的整体风格，适用于更多场景。两面的口袋形式通常不同。除了纽扣和拉链，龙虾扣、金属搭扣等闭合形式也出现了。

　　20 世纪 40 年代初，羊毛华达呢（wool gabardine）滑雪套装开始流行。华达呢是一种耐用的斜纹精纺羊毛，紧密编织具有防水性。该滑雪套装的上衣一面是藏蓝色呢料，一面是米白色牛津布。

双面穿滑雪上衣
reversible ski jacket
编号：2014.1.4714

双面穿滑雪上衣
reversible ski jacket
编号：2014.1.4529

双面穿滑雪上衣
reversible ski jacket
编号：2014.1.4530

双面穿滑雪上衣
reversible ski jacket
编号：2014.1.4554

卡将和丘吉尔（Carter and Churchill）由威
廉·S.卡将（William S. Carter）于1869年创立，
自1880年起，"Profile"开始作为品牌名并持
续到20世纪90年代。早期产品线包括工装裤、
衬衫、外套等，而后专注于滑雪服装。

滑雪夹克
ski jacket
编号：2014.1.4531
年代：1974年
品牌：Profile

明亮的紫红色与皮革碰撞。
半高领，可通过腰带收紧腰部。
背部双层设计，可防风雪。

滑雪夹克
ski jacket
编号：2014.1.4613
年代：20世纪五六十年代
品牌：古驰（Gucci）

结构线的设计十分巧妙，从领口至两侧的两条贯穿全身的拉链方便穿着及通风散热。将拉链完全闭合后，帽子可以很好包裹地面部，在内侧设有纽扣辅助固定。背部挡风片可让雨雪流下，与衣身形成一定空间，在巴宝莉的风衣上也能见到该设计。在挡风片覆盖处采用透气网，防水保暖与透气兼得。主体面料为聚酯纤维，防水又轻质，领口与面部接触的部位拼接了亲肤的抓绒材质。设计师恩斯特·恩格尔（Ernst Engel）也是位滑雪名将。

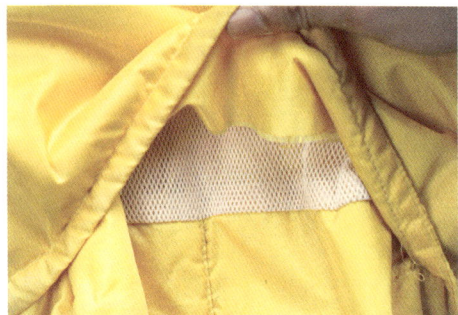

滑雪夹克
ski jacket
编号：2014.1.4484
年代：20世纪70年代
品牌：Abercrombie & Fitch
设计师：恩斯特·恩格尔

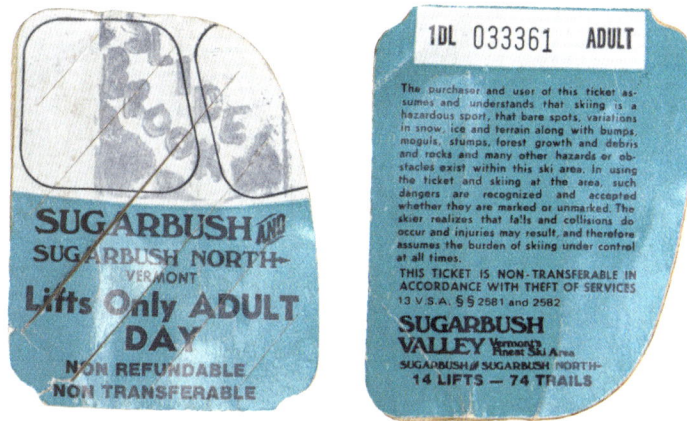

休格布许滑雪场（Sugarbush Resort）是新英格兰地区最大的滑雪胜地之一，位于佛蒙特州沃伦市梅德河山谷。在门票背面可见滑雪场对这项运动危险性的免责声明。

设计师恩斯特·恩格尔（Ernst Engel）也是位滑雪名将。20世纪70年代的产品宣传页上可见类似的连体短裤滑雪服，将防风帽拉链闭合后几乎只露出眼部。

早期的滑雪服多为上下分体式，连体滑雪服最早是由意大利设计师艾米里欧·葡琦（Emilio Pucci）在20世纪40年代末设计的。艾米里欧曾是意大利滑雪队的一员，并参加了1932年的奥运会滑雪比赛。1935年，他组建了俄勒冈州里德学院滑雪队，并开始为队员设计服装。1947年，艾米里欧在阿尔卑斯山滑雪胜地之一担任滑雪教练。多年的经验和思考让他设计出了连体式滑雪服，很好地解决了因腰部分离导致的漏风和滑倒时容易进雪等问题。

连体滑雪服
one piece snowsuit
编号：2014.1.4538
年代：20世纪七八十年代
品牌：Braun

　　进入20世纪70年代，尼龙、Gore-tex等防水材质开始运用在滑雪服上，羽毛、棉、合成纤维等填充物也加入进来，使得滑雪服的实用性能大幅提升。滑雪过程中身体会产生很多热量，如果热气没有及时排出，会在里面聚集形成汗液，导致行动不便甚至容易感冒，因此，透气性成为设计中需考虑的要点。通常在滑雪服的腋下、大腿内侧等处会设有拉链以方便通风散热。

　　侧腰通风拉链的设计帮助调节散热。左臂上的透明口袋可能是用以放置电梯索道的门票。

在腰节处设拉链，使其既可作为连体滑雪服穿着，也可变为分体滑雪服，方便穿脱和散热。整体为白色，以黑色明线起到绗缝固定和装饰作用。

连体滑雪服
one piece snowsuit
编号：2014.1.6227
年代：20 世纪七八十年代
品牌：Kitex

防水尼龙材质，双层无填充物。可两面穿，一面为纯色，另一面为蓝白格纹。通过翻领展现内层面料，呈现和谐且丰富的视觉效果。两面均在腰间设有环扣以放置手套等配件。

连体滑雪服
one piece snowsuit
编号：2014.1.4552
年代：20世纪70—90年代
品牌：SKYR

假两件设计，翻领按扣可扣合，高领领口和帽子均内置抽绳可收紧，达到多重防风、防水、保暖效果。袖子两侧有松绿色拼接，裤子则有白色拼接，均为箭头形状，与滑雪这一运动的速度感相呼应。

在口袋拉链头处扣有滑雪场成人单日门票，这是当时的常见做法。克兰莫尔山度假村位于美国新罕布什尔州北康威城，自 1937 年冬季开始运营。

连体滑雪服
one piece ski suit
编号：2014.1.4540
年代：20 世纪 70—90 年代
品牌：Skin

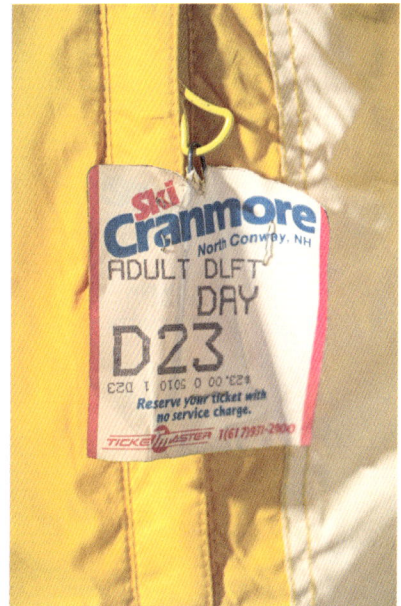

双面均为针织面料，内层为较为透气的网状结构，内里填充聚酯纤维增强保暖性。可将拉链完全闭合，毛领可保护下颌及脖颈。

连体滑雪服
one piece snowsuit
编号：2014.1.6218
年代：20世纪六七十年代
品牌：Skimer

烟囱领设计保护脖颈，也为帽子
创造了收纳空间。

滑雪套装
ski suits
编号：2014.1.4709
年代：20世纪70—90年代
品牌：Schneider

羊毛呢套头罩衫，左右两侧设拉链方便穿脱和透气，胸前及后背上部由四个菱形组成的花朵图案具有装饰艺术风格。

阿斯彭山（Aspen）是美国科罗拉多州著名的滑雪胜地，同名企业经营滑雪度假村，也生产相关服饰用品。

滑雪羊毛上衣
ski jumper
编号：2014.1.4528
年代：20世纪50年代
品牌：阿斯彭

MACHINE WASHABLE
CLOSE ZIPPERS, SET DIAL TO COOL
SETTINGS, WITH MILD SOAP FLAKES.
USE WASH AND WEAR CYCLE, DRIP-DRY
ON NON-STAINING HANGER, STRETCHING
GENTLY TO ORIGINAL SHAPE.
DRY CLEANING MAY TEND TO REDUCE
WATER REPELLENCY.

S

滑雪上衣
ski jacket
编号：2014.1.4555
年代：20世纪60—70年代
品牌：阿斯彭

上衣内里填充且做绗缝处理，暗门襟设有防风按扣，在门襟及腰带下方处装饰湖绿色锯齿形明线。帽子内置抽绳可拉紧，帽沿绒毛更亲肤也增强防风保暖性。搭配佩斯利印花裤，裤脚设网状弹力宽带方便固定，防止运动中裤子上提。

欧博迈亚（Obermeyer）品牌创始人克劳斯·欧博迈亚（Klaus Obermeyer），于 1947 年来到美国，成为科罗拉多州阿斯彭滑雪学校的教练，同年创立同名品牌。

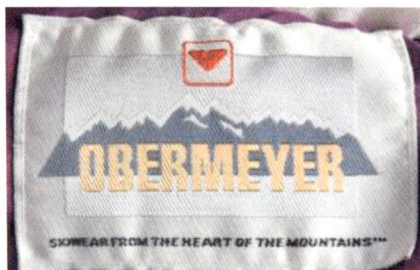

滑雪套装
ski suits
编号：2014.1.4549
年代：20世纪60—70年代
品牌：Obermeyer

灯芯绒材质，羽绒填充。

CB Sports品牌由传奇滑雪运动员、前速度滑雪世界纪录保持者查尔斯博德于1969年创立。

滑雪套装
ski suits
编号：2014.1.4703
年代：20世纪70—90年代
品牌：CB Sports

Russill H Morin
品牌滑雪上衣采用
100%聚酯纤维面料，
内里填充羽绒。

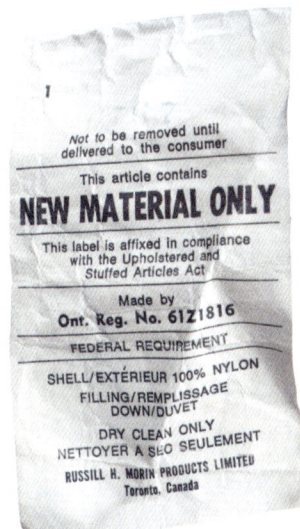

滑雪上衣
ski jacket
编号：2014.1.4556
年代：20世纪60—70年代
品牌：Russill H Morin

滑雪上衣
ski jacket
编号：2014.1.4804
年代：20 世纪 60—70 年代

品牌：博格纳（Bogner）

　　博格纳由德国运动员威利·博格纳（Willy Bogner）于1932年创立，他曾11次获得北欧滑雪赛德国区冠军。博格纳品牌的第一场时装秀于1948年在德国慕尼黑举行。50年代，博格纳被称为"滑雪时尚界的迪奥"。其夫人玛丽亚·勒克斯（Maria Lux）被认为是滑雪服领域最重要的创新者，其中最具创新性的要数博格纳弹力马镫裤，它由羊毛和尼龙混纺制成，合体舒适，穿上更具女性魅力。1955年，玛丽亚·勒克斯将滑雪夹克上的拉链头设计成醒目的B字模样，成为品牌的重要标识。

编号：2014.1.4716
年代：20世纪50—60年代

这套双面穿连体滑雪服一面为藏蓝色灯芯绒，另一面为米白色斜纹布，腰间有抽绳可系紧，设有束腿。

编号：2014.1.6223
年代：20世纪60—70年代

这套连体滑雪服没有大翻领，在肩袖部位拼接蓝色、绿色两层，有助于将雪抖落，增强防风雪性能，同时也丰富了整体色彩。裤子左右两侧口袋颜色不同、高低错落，与上衣的设计相呼应。胸前侧开口袋，用以放置雪镜，设有拉链防止物品掉出。腰间圆环用以悬挂手套或电梯索道的乘车票，车票内设弯曲金属，由说明"before affixing ticket"中可见车票通常需固定在服装上。

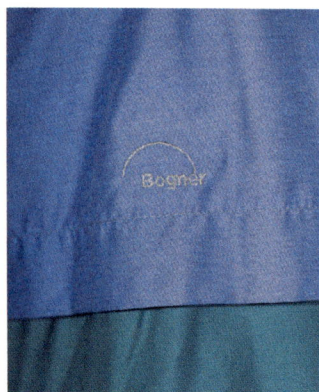

编号：2014.1.4548
年代：20世纪60—70年代

1969 年电影《007 之女王密使》（*On Her Majesty's Secret Service*）是较早呈现滑雪服时尚的电影之一，片中滑雪服由博格纳（BOGNER）品牌提供。可从电影海报中的服饰看出此时的滑雪服已借助弹性面料呈现出更贴身的轮廓以便于活动。

这套连体滑雪服运用尼龙材料。在衣袖拼接处和衣身侧缝均有白色嵌条装饰，简约且更能凸显女性修长的身材。裤腿为两层结构，设置束腿，防风保暖效果更佳。在 1976 年的德国冬奥会上，运动员罗西·米特迈尔（Rosi Mittermaier）穿着同款滑雪服获得了两金一银的佳绩。

编号：2014.1.4708
年代：20 世纪 60—70 年代

品牌：白鹿
（White stag）

　　白鹿最初是一家帐篷和船帆的制造商，公司于1906年在美国俄勒冈州波特兰市成立。1929年，他们为滑雪者开发了一系列服装，命名为"白鹿"。虽然滑雪在美国是一项相对较新的运动，但这个品牌取得了成功。到20世纪40年代末，他们也开始生产其他运动服，商标沿用至今。

　　这套滑雪服较为修身，特别是裤装呈锥形，反映了战时布料短缺的时代背景。面料是以黄色为经线，黑色为纬线交织而成的斜纹布。后背防风片还可通过闭合拉链形成帽子，实用性强。裤脚拼接了踏脚带，使小腿处服帖，不易进雪。

编号：2014.1.4598
年代：20世纪40年代

编号：2014.1.4557
年代：20世纪50—60年代

编号：2014.1.4550
年代：20世纪60—70年代

把休闲运动服推广到日常生活中最著名的人物就是威尔士亲王。20世纪初，运动服成为男性的时尚。威尔士亲王经常在非正式场合中穿运动服，而他对高尔夫服装的热爱，尤其是灯笼裤，在20世纪20年代成为时尚服装的代名词。另一种将运动服与其他追求联系在一起的方式是度假和旅行。第二次世界大战和经济的大萧条，促使女性走上社会，随着休闲和工作成为女性生活更广泛的一部分，批量化生产的运动休闲服逐渐成为一种合适的着装形式，以协调各种活动。在战争时期对资源紧缺和经济状况的考量下，分体装、色彩协调或"和谐"搭配的运动休闲装成为一种重要的节约方式，在生活中不可缺失。

5.1 狩猎射击服
hunting clothing

狩猎最初是一项许多人喜欢的运动，不分阶级，但城市化导致野生动物数量下降，英国禁止非土地所有者狩猎和拥有枪支，射击和狩猎派对成为贵族重要的社交消遣方式。19世纪初期男士的狩猎服装，为符合运动的需求做了不少更新设计，如衬衫更长、更宽松，以适应射击时手臂的活动。与男性不同，19世纪女性的狩猎服装仅限于日常穿着，包括紧身胸衣、长裙和层层的衬裙。女性需要对服装进行改进来适应狩猎和骑马，采用纽扣和带子来调节裙摆，在户外运动或打猎时提高裙摆，在公共场合则放低裙摆以保持传统的礼仪规范。

与注重穿着者品位的日常服装不同，运动时尚更注重实用性和耐用性。选择棉质和粗花呢面料是因为它们在骑行时不易被荆棘和树枝刺破。羊毛也提供了额外的防风雨和保暖作用。浅绿色、棕褐色和棕色的夹克和马裤更耐脏。男女狩猎服都在下摆增加了一条厚重的布料或皮革带，以保护穿着者免受泥土的侵袭，额外的重量也有助于保持服装的完整性。

诺福克夹克是一种宽松的单排扣羊毛夹克，正背面均有箱型褶，配有大贴袋及同材料制成的腰带。面料选用粗花呢或设得兰羊毛，腰部和手腕处均可用束带收紧，以防狂风。它最初属于乡村服装，并在19世纪60年代被改用为射击服，是射击夹克中最受欢迎的款式。这件夹克在射击时允许人们大范围地运动，超大的口袋可用于携带子弹和其他狩猎配件。这款诺福克夹克在威尔士亲王（爱德华七世）的体育运动圈中流行起来，之后诺福克夹克被多种户外运动所接受，如骑车、钓鱼、荒野攀登或者高尔夫运动。到了19世纪末，着装规定更为宽松，城市里也能看到穿着诺福克夹克的年轻人。从1859年起，这种夹克也出现在小男孩的服装插图中。

诺福克夹克
Norfolk jacket
编号：2014.1.6920
年代：19世纪末

美国田园狩猎服
hunting suit
编号：2014.1.5976
年代：20世纪30年代
品牌：诺福克夹克（Norfolk jacket）

Our "BEST SELLER"

$6.10 ea.

Free
Swing
Back

Rubberized
Game
Pocket

A Real Sportsman's Coat

The coat that sells freely, satisfies the experienced hunter and pays a good profit. Made of a closely woven, hard twisted Army Duck, every fibre of which has been thoroughly saturated with a weather-resisting, water-repellent compound. Free-swing action back. Double cloth over sleeves and shoulders. Two large pockets, two small pockets and corduroy storm collar. Ventilated gussets. Two-button sleeves. All-around sanitary game pocket. Two-needle stitched, lap-felled seams. A very desirable coat with a profitable low retail price.
No. K-2259   Regular sizes 34 to 46 $6.10
10% extra, sizes 48 & 50

1939年　赫特里克公司帆布和金属制品产品目录第35页

赫特里克公司（Hettrick）于1893年在美国俄亥俄州的托莱多成立，主要生产帆布制品。1921年，他们推出了"美国田野"系列狩猎服装。这款狩猎套装的双肩和袖子采用双层防水军用帆布面料，厚螺纹灯芯绒防风领，搭配马甲和马裤。上衣腋下有开口，有利于透气和排湿。衣服正面有两个大型贴袋，袋盖翻开后有10个子弹壳套。衣服内里有锁扣勾上的大型的口袋（game pocket）。背心前衣身两侧各有两排计16个子弹壳套。狩猎服是20世纪30年代的户外服装，随着社会发展，狩猎活动逐渐减少，狩猎服逐渐成为户外休闲服装。

1936年　赫特里克公司产品目录第33页

巴布尔（Barbour）是一个英国户外奢侈品品牌，由约翰·巴布尔（John Barbour）于 1894 年创立。该公司主要设计、制造和销售巴布尔旗下的打蜡棉外套、成衣、鞋类和配饰。公司最初是一家油布进口商，以其打蜡棉夹克而闻名，这是英国乡村的常见服装。有些人将打蜡棉夹克（无论品牌如何）称为"巴布尔夹克"。公司持有爱丁堡公爵（1974 年）、伊丽莎白女王二世（1982 年）和查理三世国王（1987 年）颁发的"防水和防护服"供应皇家授权书。

巴布尔夹克是英国人创造的最具现代感的户外夹克。它具有良好的防湿、防寒、防荆棘的功能，也是参加各种户外活动、远足和乡间采风时常用的休闲装。❶

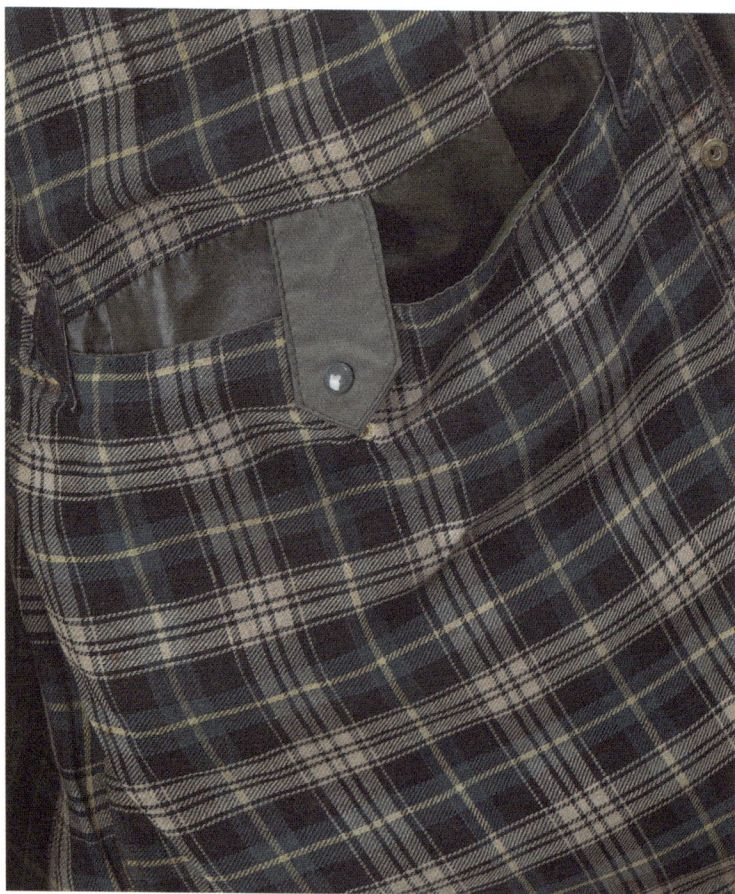

❶ 刘瑞璞：《优雅绅士Ⅳ户外服》，化学工业出版社，2016，第 47 页。

巴布尔夹克
Barbour jacket
编号：2014 1.4486
年代：20世纪后半叶
品牌：Barbour

随着汽车、火车等交通工具的发展，为了娱乐而旅行变得更加容易，随着旅行节奏的加快，女性寻求更轻便、更紧凑的穿衣解决方案。这套休闲服装可以组合成三套不同场景的服装，搭配皮质马裤就可以变成狩猎装，上衣右肩部的贴皮是射击时托枪的需要，衣服的后片有类似诺福克夹克束腰和开衩的处理，搭配西裤可以作为日常休闲装，搭配短裙就可以作为商务装。20世纪40年代属于战争期间，由于布料的限制，服装的可搭配性变得很重要。可组合的服装能使女性轻松地从办公室到聚会，或者能够为旅行快速地打包一个小手提箱。

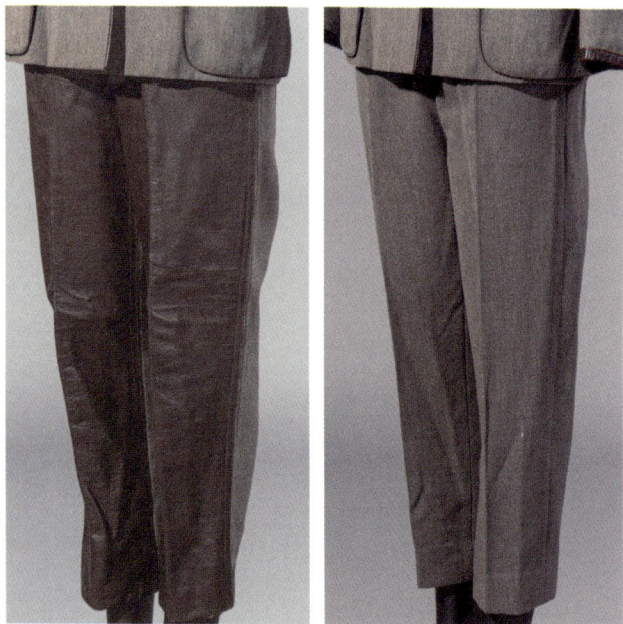

套装
ensemble
编号：2014.1.3398
年代：20世纪40—60年代

5.2 沙滩服
beach clothing

　　在第一次世界大战之前，女性裤装仅限于私人空间使用——常作为睡衣、休闲服装或运动服装。这些套装灵感来自传统的东方睡衣，通常以低腰宽松束口裤子的款式为主，也有直筒宽松样式。随着战争的爆发，女性的角色从家庭走入了社会，工装裤及其他裤装成为新女性的服装款式。战争结束后裤装并没有马上退出女性的衣柜，日益壮大的中产阶级和带薪休假制度的建立使得海滩旅游比以往任何时候都更热门。时尚的海滨度假胜地吸引了年轻而时髦的游客。在20世纪10年代末，几乎没有关于女性在度假胜地公开穿着睡衣的报道。到1921年，迪耶普诺曼底酒店的客人开始在露天阳台上穿着睡衣用餐，这令酒店其他保守的顾客感到震惊，甚至被认为是惊世骇俗的丑闻，但这也阻止不了这个潮流迅速流行起来。20世纪20年代中期，在可可·香奈儿（Coco Chanel）等时尚人物的推动下，晒黑已经成为一种时尚。晒黑与精英阶层的休闲和财富有关，因为它们象征着度假、航海和游泳，所有这些都是非常时髦的追求，需要穿着新式、简洁的游泳和沙滩服装将身体暴露在阳光下。

20 世纪初随着航海业的兴盛，水手服广受欢迎，其年轻化的运动服装风格，深受大学生和儿童喜爱，时尚的英国王室威尔士亲王也不例外。这套水手服面料为羊毛针织，装饰了象征海军的白色条纹，还有一些源于军装的无意义标识，包括刺绣的海锚和鹰纹臂章。水手服面料夏天采用棉麻，冬装一般使用羊毛。

加芬克尔公司（Garfinkle）创立于 1905 年，是位于华盛顿特区的著名百货连锁店，主要为精英人士提供精致时尚的女装。1924 年 8 月，商店名称改成 Garfinckel，直到 1990 年破产倒闭。

水手套装
sailor suit
编号：2014.1.11270
年代：20 世纪 10—20 年代
品牌：朱利叶斯·加芬克尔公司（Julius Garfinkle & CO.）

在 20 世纪 20 年代，为遮挡泳衣和蔽体，沙滩服在法国里维拉的海滩上出现。紧身针织泳衣推出后，宽松的真丝沙滩服常被套在泳衣外面，可在冬天的海滩上保持温暖和防晒。当人们第一次在海边穿真丝沙滩服时，场景仅局限于海滩和散步区，那时女性穿裤子还很少见。沙滩服很快成为不太正式的户外活动的装束。到 1925 年，"沙滩睡衣"被刊登在《时尚》（Vogue）杂志上。越来越多的女性接受了这种时尚，早期的沙滩服饰基本延续了居家睡衣的流行趋势。由丝绸制成，采用亚洲传统服饰的廓形和图案，如和服等。"哈伦"裤样式也很常见，并大量使用了如皮草和亮片等奢华材料装饰，各种大型花卉印花图案也经常出现在沙滩服上。到了 20 世纪 30 年代，连体裤式非常流行，许多沙滩服的裤腿都很宽，并有海锚等具有海边特征的图案装饰。这批睡衣是 20 世纪 30 年代海滩最实用的款式之一，有套装式，有抹胸式，图案以印花为主，面料有棉、丝绸、针织等。此时，睡衣已经登上了《时尚》《时尚芭莎》和《生活》的封面，明星穿着精致的沙滩服的画面，大量出现在银幕上。

沙滩服
beach pajamas
编号：2014.1.7789
年代：20世纪30年代

沙滩服
beach pajamas
编号：2014.1.7775，2014.1.397
年代：20世纪30年代

沙滩服
beach pajamas
编号：2014.1.2839，2014.1.7774
年代：20世纪30年代

沙滩服
beach pajamas
编号：2014.1.7781
年代：20世纪30年代

5.3 常春藤服
Ivy league clothing

常春藤盟校的服饰风格最早出现在 20 世纪 20 年代，并在 20 世纪 50 年代成为主流。其特点是将英国和美国上流社会的运动服装改编为日常服装。如本书提到的高尔夫、网球和狩猎等服装，把这些运动服装在这些活动之外穿着。最典型的就是布雷泽外套、V 领毛衣或背心、牛津衬衫、Polo 衫等现代男性衣柜必备品。早期对这种风格做出突出贡献的人物是威尔士亲王，他经常将美国时尚与传统的英国乡村服装相结合，如布洛克靴、菱形花纹袜子和费尔岛毛衣、粗花呢运动外套、爱尔兰步行帽，还有他著名的高尔夫灯笼裤。

布雷泽外套开始出现在大学里时，就成了美国学院派运动装的重要组成部分。最早的布雷泽是 19 世纪初牛津和剑桥赛艇运动员穿的，式样宽松，材质为法兰绒，旨在寒冷的清晨训练或比赛中为运动员保暖。赛艇运动员很快也开始在岸上穿着他们的布雷泽，代表不同俱乐部的布雷泽开始成为穿着者地位的象征。19 世纪末布雷泽在大西洋彼岸的普林斯顿大学、康奈尔大学、耶鲁大学和哈佛大学等常春藤盟校中也流行起来。

第二次世界大战后斜纹的卡其布裤子及马球衫也是常春藤服的经典款式。从 20 世纪 50 年代末到 60 年代中期，常春藤盟校的服饰被认为是美国中产阶级成年人所向往的主流服饰，这种风格在男装中占有重要的地位，一直流行至今。

布雷泽外套是最能代表常春藤校服的服装，它在英国传统的运动服装中也占有重要的地位。作为一件类似西服的外套，布雷泽有单排扣和双排扣两种形制，最早的布雷泽是牛津和剑桥赛艇运动员穿的，版型宽松，材质为法兰绒，目的是在寒冷的训练和清晨的比赛中为赛艇运动员保暖。布雷泽的颜色设计鲜艳，每个俱乐部都有独特的图案或条纹，可以在比赛中加以区分。19世纪后半叶布雷泽被英联邦学校及各类俱乐部广泛采用。一般使用条纹面料和撞色镶边，在胸袋上缀有徽章。单件套上衣，常搭配颜色、图案或材质对比强烈的裤子。单排扣和双排扣都有，扣子材质多样，贝母、银、锡、黄铜或镀金，扣子有团队的标志或海锚等浮雕。通常会在胸前口袋上绣上徽章。到19世纪90年代，所有法兰绒、宽松的颜色鲜艳的休闲上衣都被称为布雷泽。在世纪之交，布雷泽流传到美国，普林斯顿大学、康奈尔大学等常春藤盟校也开始将布雷泽作为运动服装。

第一件夹克为约克郡赛艇俱乐部（York City Rowing Club）的制服，黄、紫、黑三色设计与俱乐部会徽呼应，三粒金属单排扣，左右贴袋，是典型的20世纪20至30年代风格。第二件是伦敦大学赛艇俱乐部（University of London Boat Club）的制服。布雷泽最先就流行于赛艇俱乐部。第三件为20世纪30年代牛津大学曲棍球俱乐部（Oxford University Lacrosse Club）的制服，蓝白条纹，三粒同色包布单排扣，胸袋上同样绣有俱乐部的标志。

布雷泽
blazer
编号：2014.1.6665
年代：20世纪20—30年代

C.G.SOUTHCOTT
Co-Partnership Ltd
LEEDS

布雷泽
blazer
编号：2014.1.3437
年代：20 世纪 20—30 年代

布雷泽
blazer
编号：2014.1.3435
年代：20 世纪 20—30 年代

布雷泽
blazer
编号：2014.1.3970
年代：20 世纪 20—30 年代

　　马德拉斯布以其产地马德拉斯（今印度金奈）命名，使用当地短棉纤维和植物染料，手工织造染色而成，拼接的彩色格纹是其典型样式，因轻量透气常用于制作夏季服装，尤其在休闲度假服装中广受青睐。马德拉斯自19世纪末引入美国，在20世纪20年代，马德拉斯服装逐渐成为一种身份象征，因为只有能在加勒比海度假的富裕阶层才能将其带回。随后，马德拉斯也征服了常青藤院校的学生，他们喜爱在夏日度假和休闲活动中穿着，自此马德拉斯成为学院派风格的重要代表，60年代达到流行高峰，借助服装品牌和布鲁克斯兄弟（Brooks Brothers）的推广，马德拉斯手工艺特性被强调并得到广泛认同。

　　这套布鲁克斯兄弟品牌的马德拉斯上衣，用小块的马德拉斯格纹布料的拼布工艺制成。由于上衣颜色鲜艳，一般会搭配一条纯色领带，一件纯色牛津布衬衫和对比色裤子。随着马德拉斯手工制作面料越来越少，化学印染的面料逐渐替代它，成为马德拉斯套装的主流。

马德拉斯套装
madras suit
编号：2014.1.11467
年代：20世纪70年代
品牌/设计师：布鲁克斯兄弟（Brooks Brothers）

India Madras
IMPORTED FABRIC

The American
Designer
John Weitz

马德拉斯套装
madras sut
编号：2014.1.11478-E-5

IMPORTED MADRAS
HAND WOVEN IN INDIA
100% IMPORTED COTTON
NOT COLOR FAST — DRY CLEAN ONLY

马德拉斯套装
madras suit
编号：2014.1.11477-E-5

后记

SPORTING FASHION

　　运动服或称为休闲服是一种流行的服装类别，一般分为三个类别：专业运动服，如打网球或高尔夫球时的穿着；度假服，旅行和休闲度假时穿的衣服；还有在城镇和乡村等非正式场合时穿的服装。虽然运动服最初从欧洲兴起，但受经济大萧条的影响，以及从1940年起巴黎影响力的衰退，运动服在美国的地位得到迅速巩固，成为一种多用途的着装，而后美国的运动休闲服装转而影响全世界。随着体育时尚的发展和纺织技术的不断创新，运动服也朝着功能化和舒适化发展。随着人们对轻松休闲和运动健身生活的追求，以及时尚风格的变化，运动服转化为当代的运动服装和休闲服装。

运动与时尚

SPORTING FASHION

20世纪的西方运动休闲服展

THE 20TH CENTURY WESTERN SPORTSWEAR

展览时间 Exhibition time

09/08 — 11/01

中国丝绸博物馆 China National Silk Museum

前言 INTRODUCTION

体育运动的起源一直可以追溯到远古时期。但在过去的几千年里，对体育运动中穿着的历史记录非常少，大众只能从零星的画像和描述文字中管中窥豹。运动服的概念并不是和运动一起诞生的，19世纪的英国最早引入运动服（activewear），它最初是上层社会男性的休闲生活方式的反映，如骑马、狩猎、高尔夫等运动。随着社会的发展，更多女性也参与到这些户外活动中来，繁琐的长裙已经无法适应，专为运动设计的运动服服装开始出现。

美国的运动服（sportswear）起源于欧洲，随着现代社会交通工业经济的发展，舒适便利的运动服逐渐成为日常服装。尤其在第二次世界大战后，运动服不再单指功能性服装，逐渐成为现代生活方式的象征。大批量生产、价格低廉的运动装在走向日常化和大众化的同时也提供了一种更为理想的服装形态，它摒弃了复杂的剪裁和繁琐的装饰，脱离了快速发展的时尚趋势。

展览对骑行、游泳、滑雪、高尔夫和网球五项运动的馆藏服装进行梳理。不论是传统项目，如骑马、高尔夫，还是新兴运动，如滑雪、游泳，都反映了运动服装随着社会科技的发展，思想道德规范的开放而产生的变化。展览还将展示旅行度假时穿的休闲服，共同讲述功能性运动服装与时尚潮流相互影响，不断演变后逐渐融入日常生活。

American sportswear originated from Europe. With the development of transportation and industrial economy in modern society, sportswear had gradually become daily clothes due to comfort and convenience. Especially after the Second World War, sportswear was not a single sports functional clothing, it increasingly represented the vitality and variation of modernity and city as a symbol of modern life-style. Both everyday and popular sportswear was inexpensive by virtue of mass-production, however, it offered an idealized state, one that rejectdiscarded intricate embellishments and tailoring and moved away from fast-moving fashion trends.

Sports origin can be traced back to ancient times. But sportswear had been recorded very little in history over the past few thousand years, only from scattered portraits and descriptions may we judge. Sportswear concept was not born with sports. Britain first introduced activewear in the 19th century. It reflected primordially the upper-class male leisure lifestyle, such as horse riding, hunting, golf. More women also participated in these outdoor activities with the societal progress, custom sportswear emerged because cumbersome long skirts were unable to adapt.

We combed museum clothing collections of five sports in this exhibition, ranging from newemerging sports such as skiing and swimming to traditional ones like horse riding and golf. It shows the sportswear transformation in opening ideological and moral norms along with the blossom of social science and technology. The exhibition will also show travel and vacation resortwear garments along within daily sportswear and Athleisure to make peoplevisitors comprehend the process, in which how functional sportswear interacted with fashion trends, how it constantly evolved and gradually entered daily life.

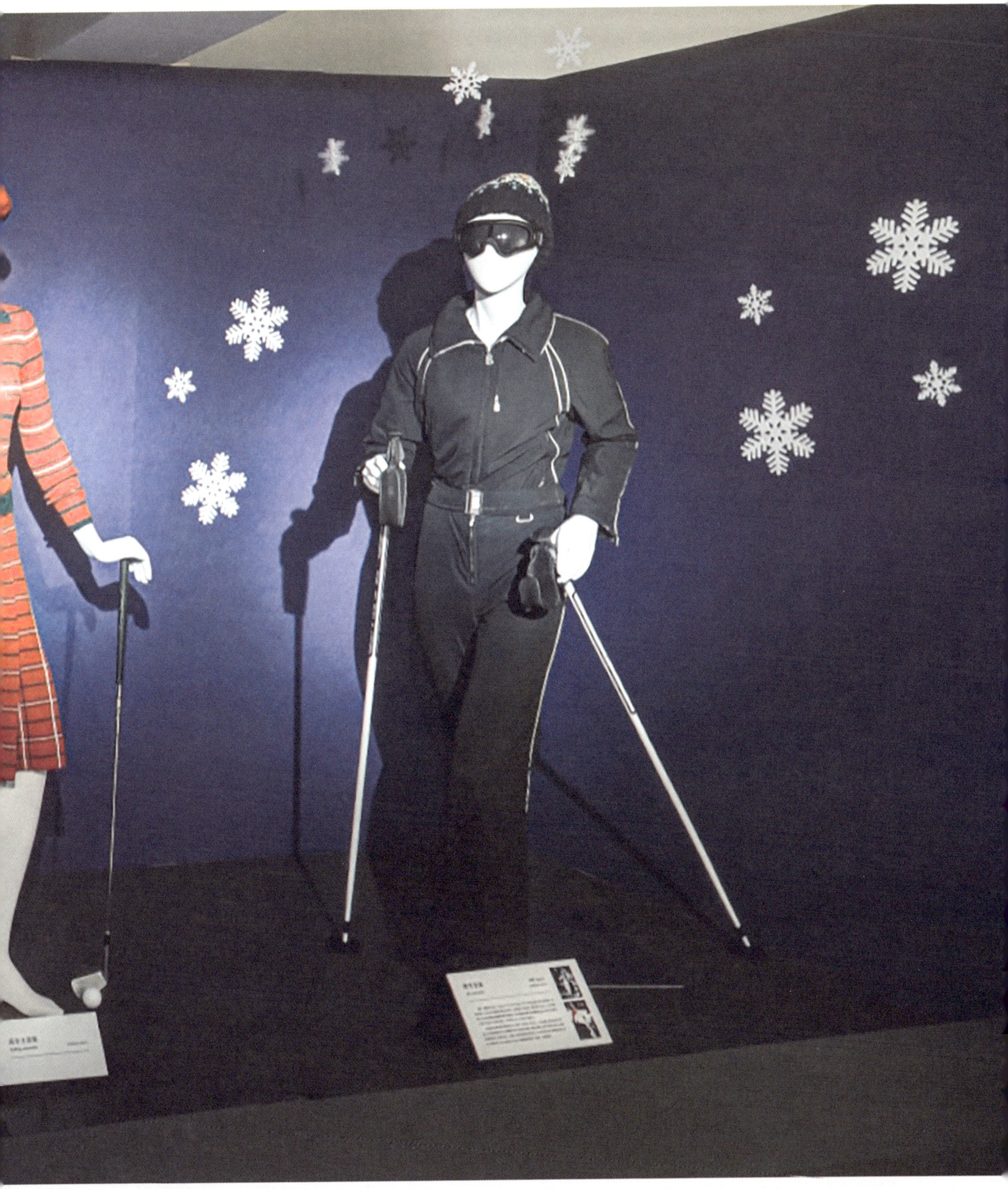

高尔夫和网球服
Golf and Tennis Outfits

骑行服
Riding Habits

滑雪服
Skiwear

比基尼的诞生
The Birth of the Bikini

男泳衣
Bathing suit

马德拉斯套装
Madras suit

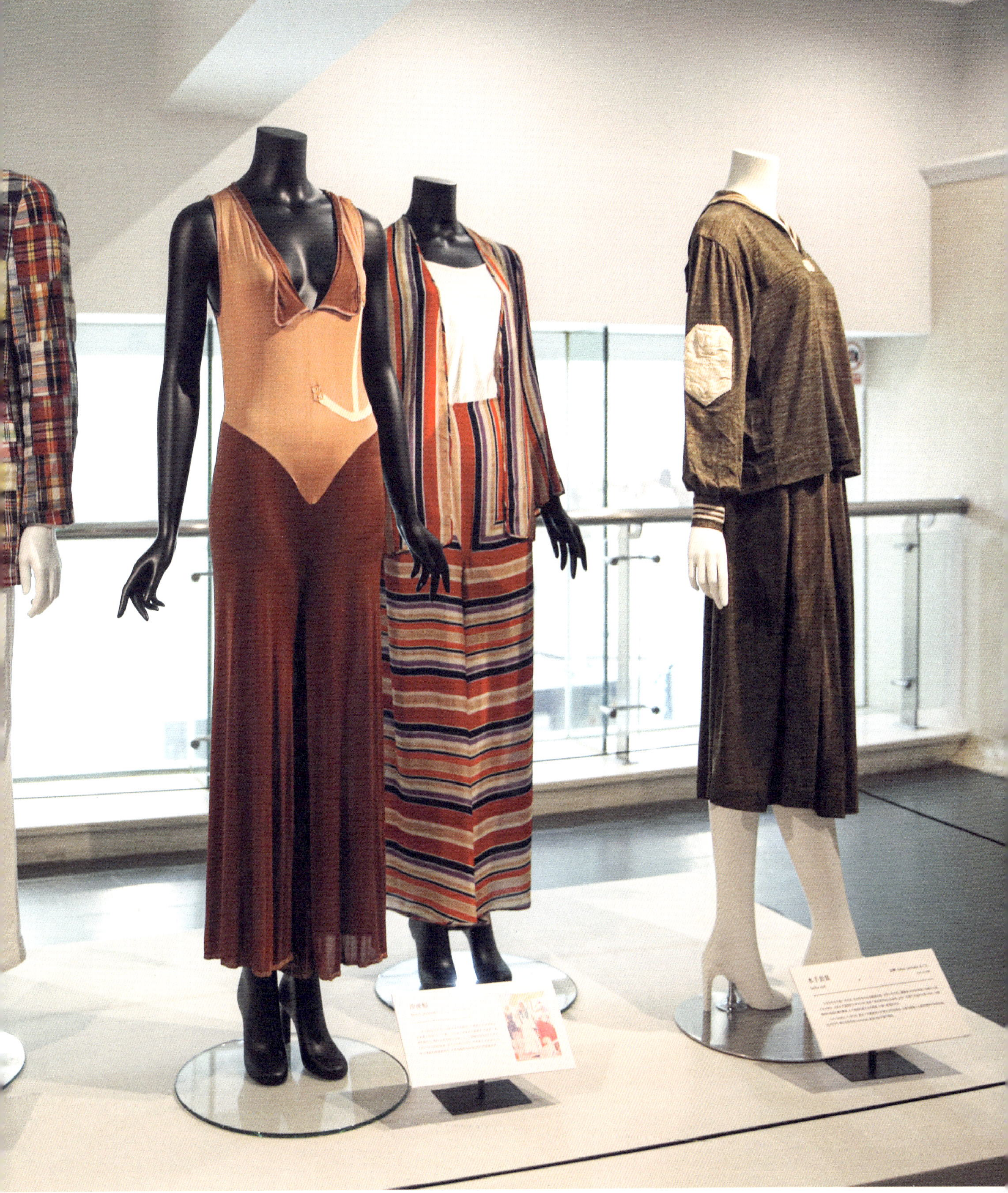

结语
CONCLUSION

运动服（或称休闲服）是一种流行服装，可细分成三个类别：专业运动服，如网球服；度假服，旅行和休闲度假时穿的衣服；还有城镇和乡村非正式场合穿的服装，如粗花呢。运动服最初从欧洲兴起，逐渐演变成一种多用途的着装形式，受经济大萧条的影响，以及1940年起巴黎在时尚界的影响力消退，美国运动服的地位得以迅速巩固并随之影响全世界。随着体育时尚的发展和纺织技术的不断创新，运动服也更趋于功能化和舒适化。如今，人们追求轻松休闲和运动健身的生活方式，时尚也不断调整风格，转化为当代的运动休闲服装。

Sportswear as a fashionable clothing is divided into three categories: professional sportswear, including tennis or golf apparels; resortwear, for travel and leisure holidays; towner and villager clothes worn in informal occasions, such as tweed. Although sportswear initially emerged from Europe, its status in the United States was quickly consolidated as a multi-purpose form of clothing, and then affects world by the impact of the Great Depression and the disappearance of Paris influence in fashion from 1940. With the advance of sports fashion and the continuous innovation of textile technology, sportswear also become more and more functional and comfortable. As people pursue a life of leisure and fitness, fashion is constantly adapting styles and transforming into contemporary sportswear and athleisure clothing.